SAMMLUNG GÖSCHEN BAND 476

WERKSTOFFE DES MASCHINENBAUES

von

EM. PROFESSOR DR. AUGUST THUM
ehem. Vorstand der Staatlichen Materialprüfungs-Anstalt Darmstadt

und

DR.-ING. C. M. FRHR. v. MEYSENBUG
Staatliche Materialprüfungs-Anstalt Darmstadt

I

EINFÜHRUNG IN DIE WERKSTOFFPRÜFUNG

Zweite, neubearbeitete Auflage

Mit 7 Tabellen und 56 Abbildungen

WALTER DE GRUYTER & CO.
vormals G. J. Göschen'sche Verlagshandlung · J. Guttentag,
Verlagsbuchhandlung · Georg Reimer · Karl J. Trübner · Veit & Comp.

BERLIN 1956

Archiv-Nummer 110 476
Satz und Druck von Mercedes-Druck, Berlin SW 61
Printed in Germany

Inhaltsverzeichnis

1. Einführung

11. Der Aufgabenbereich des Maschinenbaues

Die physikalischen Gesetze verstand der Mensch schon in frühesten Zeiten für sich nutzbar zu machen, und in Aufzeichnungen und Bildern aus alten Kulturepochen finden sich immer wieder Beispiele für die bewußte Anwendung und den systematischen Ausbau der Elementarmaschinen Hebel, Rolle, Schraube, schiefe Ebene. Die uns bekannten Mathematiker des Altertums und die Forscher der späteren Jahrhunderte entwickelten die Gesetzmäßigkeiten, so daß die Möglichkeit gegeben war, die maschinellen Einrichtungen nicht mehr nur nach Gutdünken dem gewollten Anwendungszweck entsprechend zusammenzubauen, sondern sie auf der Grundlage physikalischer Überlegungen zu „konstruieren"

Die einfachen Vorrichtungen des Handwerkszeitalters erforderten jedoch ebenso wie die Wind- oder Wassermühlen keine oder nur einfache konstruktive Berechnungen. Erst mit der Erfindung der Dampfmaschine setzte plötzlich ein gewaltiger Aufschwung des Maschinenbaues ein. Damit war die Notwendigkeit und zugleich die Voraussetzung für das intensive Studium und die praktische Anwendung der theoretischen Grundlagen gegeben. Die Lehre von der Statik, der Dynamik, die Festigkeitslehre, die Wärmelehre wurden zu ihren letzten Feinheiten entwickelt, ebenso die Hydrodynamik, der sich in neuester Zeit die Aerodynamik anschloß.

Die Aufgaben des Maschinenbaues wurden mit seiner stürmischen Entwicklung immer vielseitiger, denn nachdem es einmal gelungen war, die menschliche Arbeit durch Maschinenarbeit zu ersetzen, ergaben sich immer neue Aufgaben, die eine maschinelle Lösung verlangten. Alle Maschinen haben den Zweck, Energie, die in irgendeiner Form vorhanden ist, in eine andere Energieform umzuwandeln. Dabei kann die Energie ursprünglich als Energie der Lage (potentielle Energie), als Wucht bewegter Massen (kinetische Energie), als Strömungsenergie bewegter Flüssigkeiten oder Gase, als

Druckenergie gespannter Gase, als Wärmeenergie des Wasserdampfes oder erhitzter Gase oder als elektrische Energie vorliegen. Die Einteilung und Benennung der Maschinengruppen kann dann entweder nach der vor oder nach der Umwandlung bestehenden Energieform vorgenommen werden: z. B. elektrische Maschinen, Wärmekraftmaschinen, auch Strömungsmaschinen, Wasserkraftmaschinen — oder nach der mechanischen Lösung der Energieumwandlung: Kolbenmaschinen, Turbinen, Kreiselpumpen — oder nach dem Verwendungszweck: Kraftmaschinen, Antriebsmaschinen, Arbeitsmaschinen.

Unter den Kraftmaschinen nehmen allein schon die Wasserkraftmaschinen ein breites Gebiet ein, die sich vom einfachen Mühlrad, dem oben oder unten beaufschlagten Wasserrad, bis zu den neuzeitlichen Wasserturbinen entwickelt haben. Ihre verschiedenen Bauarten sind in Formgebung und Abmessungen genauestens nach den Forderungen der Hydrodynamik und der Festigkeitslehre berechnet, um in Flußkraftwerken die Strömungsenergie oder in Stauseekraftwerken die potentielle Energie des Wassers in mechanische Energie umzusetzen.

Die Wärmekraftmaschinen bilden heute die wichtigste Gruppe unter den Antriebsmaschinen, und seit der ersten Dampfmaschine haben sie manche Abwandlung erfahren. Bei den Dampfmaschinen entsteht die Wärmeenergie außerhalb der Maschine und wird mit Hilfe des Wasserdampfes, der zugleich übertragendes Medium und Energiespeicher ist, entweder in hin- und hergehende (Kolbendampfmaschine) oder in rotierende Bewegung (Dampfturbine) umgewandelt. Ähnlich wie die Dampfturbine arbeitet auch die Gasturbine, und das rotierende Prinzip liegt auch den neuen Düsenmotoren zugrunde. Die Kolbengasmaschinen (Gasmaschinen Ottomotoren, Dieselmotoren) bilden dagegen die Gruppe der Verbrennungskraftmaschinen, weil hier die Wärmeenergie durch Verbrennung innerhalb der Maschine entsteht. Der große Vorteil und Grund für die vielseitige Verwendbarkeit der Wärmekraftmaschinen liegt darin, daß sie nicht ortsgebunden sind.

Von den elektrischen Maschinen wären in dieser kurzen Aufzählung die Elektromotoren als Antriebsmaschinen zu erwähnen, die elektrische Energie in Bewegungsenergie umwandeln, und die Generatoren, die den umgekehrten Umwandlungsprozeß vornehmen und somit ihren Namen zu Unrecht tragen. Sie sind wie alle Maschinen keine Energie-„Erzeuger", sondern „Umwandler", sie wandeln die von der Antriebsmaschine (Wasserturbine, Dampfmaschine usw.) gelieferte Bewegungsenergie in elektrische Energie.

Die Arbeitsmaschinen benötigen alle die Bewegungsenergie einer Antriebsmaschine und setzen sie in die für den gewünschten Arbeitsvorgang geeignete Energieform um. Angefangen von den Pumpen und Kompressoren gehören hierzu alle Arten von Verkehrsmaschinen (Fahrzeuge, Flugzeuge), Fördermaschinen und die große Familie der Werkzeugmaschinen, die sämtliche Fabrikationsmaschinen mit einschließt.

12. Die Entwicklung im Maschinenbau

Bei einer solchen Vielfalt im Aufgabengebiet des Maschinenbaues, wie sie mit der obigen Aufzählung nur skizzenhaft angedeutet werden soll, ist es einleuchtend, daß die Problemstellungen nicht mehr alle von einem „Maschinenbauer" bewältigt werden können. Es haben sich im Laufe der Zeit verschiedene Einzelgebiete abgegrenzt, die jedes für sich ein eingehendes Studium erfordern, und innerhalb deren sich wiederum mit zunehmender Entwicklung und Verfeinerung eine immer weitergehende Spezialisierung ausgebildet hat.

Für das Gesamtgebiet besteht ebenso wie für jedes Teilgebiet die Forderung, die Energieumwandlungen so zu gestalten, daß die Maschinen möglichst zweckentsprechend und zugleich möglichst wirtschaftlich sind. Sie sollen mit einem Minimum an Kosten hergestellt werden und mit einem Maximum an Wirkungsgrad arbeiten, d. h. die Energieverluste bei der Umwandlung sollen möglichst gering und die Unterhaltungskosten der Maschine niedrig sein. Das verlangt neben wirtschaftlichen Erwägungen vor allem ein Einfühlen in die physikalischen Vorgänge und die auftretenden Kräfte und Beanspruchungen.

Die Berechnung nach den Gesetzen der Statik, Dynamik, Festigkeitslehre, Wärmemechanik usw. ist deshalb an die Stelle der reinen Empirik getreten und bildet heute die Voraussetzung für die Zweckmäßigkeit und für die Sicherheit der Maschinen. Dabei wurden zunächst die Konstruktionswerkstoffe als etwas Gegebenes angenommen: sie waren in ausreichender Menge vorhanden und genügten meist den Anforderungen, die man ihnen zumutete. Erst mit der Entwicklung der Maschinen zu größerer Leistung durch höhere Geschwindigkeiten, höhere Drücke und höhere Temperaturen stellten sich trotz aller Berechnungen häufig Versager und Brüche ein. Meist wurde dann stärker konstruiert, da man glaubte, daß die Berechnung eben doch nicht ausgereicht habe. Aber oft war auch damit kein Erfolg mehr zu erzielen, so daß die Konstruktion aufgegeben werden mußte. So ergab sich ein Stillstand, ein Hemmnis in der Weiterentwicklung, die erst nach und nach zu der Erkenntnis führten, daß mit den rechnerisch-konstruktiven Methoden nicht alle Probleme des Maschinenbaues zu lösen sind. Erst in neuerer Zeit begann man, darüber hinaus dem Werkstoff, mit dem man konstruierte, mehr Aufmerksamkeit zu schenken. Man entwickelte die Methoden der Werkstoffprüfung und erkannte durch eingehende Forschungen, daß die Werkstoffe keine toten Träger für die Konstruktionen sind, sondern mit ihren mannigfachen Erscheinungsformen, Eigenarten und Besonderheiten, mit ihrer Wandelbarkeit, ihren Fehlern und Vorzügen der Konstruktion Leben zu geben und sie zu verbessern vermögen.

13. Die Bedeutung der Werkstoffe im Maschinenbau

So sind die Fortschritte des Maschinenbaues etwa seit der Jahrhundertwende nicht zuletzt auch der Entwicklung der Werkstoffkunde und Werkstofforschung zuzuschreiben. Hatte sich die Materialprüfung zunächst auf die Feststellung einiger Festigkeitseigenschaften und allenfalls deren Veränderung durch verschiedene Legierungszusammensetzungen beschränkt, so zwang während des 1. Weltkrieges die einsetzende Materialknappheit wohl erstmalig zu einer weitgehenden Ausnutzung der vorhandenen Werkstoffe und zum Ersatz althergebrachter durch andere Werkstoffe. Dadurch wurde es notwendig, mehr als vorher die Eigenarten der Werkstoffe zu untersuchen, um sparsamer konstruieren und auch bis dahin als ungeeignet erachtete Materialien verwenden zu können. Außerdem verlangte eben der Krieg auch erhöhte Leistungen der Maschinen durch Steigerung der Produktion, verstärkte Beanspruchung der Transportmittel und nicht zuletzt durch die Entwicklung der Luftfahrt. Mit dem Flugzeug- und Luftschiffbau tauchte auch die Forderung nach Leichtbau auf, die sich zugleich als eine Forderung der Wirtschaftlichkeit erwies.

Wenn auch die Erforschung der Werkstoffe damals noch in ihren Anfängen war, so konnten doch schon Fortschritte erzielt werden, die es erlaubten, den Konstruktionen höhere Beanspruchungen zuzumuten und damit sparsamer und gedrängter zu konstruieren.

Dies zeigte sich neben dem Geschützbau besonders auch im Schiffbau, denn die U-Boote erforderten bei ihrem Raummangel eine vorher nicht gekannte Ausnutzung des Materials. Der Werkstoffaustausch kam jedoch über das „Ersatzstadium“ kaum hinaus, und nachdem der Zwang der Not vorüber war, wurden diese Behelfswerkstoffe bald wieder gemieden. Immerhin war der Weg gewiesen, der in der Folge zu systematischen Forschungsarbeiten über die Möglichkeiten der Werkstoffe, ihr Verhalten bei verschiedenen Beanspruchungen und schließlich zu ihrer Veränderung und zur Entwicklung neuer Werkstoffe führte. Auf diesem Wege gelang es, da, wo auf Grund der konstruktiven Berechnungen die Grenzen schon erreicht schienen, die Technik voranzubringen. Ein Grundproblem der Energiewirtschaft ist z. B. — sei es zur wirtschaftlichen Ausbeutung der Kohlenschätze, sei es etwa zur Erzielung hoher Wirkungsgrade bei Dampfturbinen — die Beherrschung weiter Temperaturgrenzen. Erst nachdem die Werkstoffe auch bei hohen Temperaturen die genügende Festigkeit besitzen, um hohen Drücken, Fliehkräften und Wärmespannungen standzuhalten, ist es möglich, Dampfkessel und Dampfturbinen mit den heutigen Leistungen zu bauen. Das Problem der Gasturbine war konstruktiv schon lange gelöst, bevor die Entwicklung geeigneter Stähle eine rentable Verwirklichung erlaubte. Ähnlich lag es beim Ausbau von Fabrikationsmethoden, die erst durch die Verbesserung der Werkstoffe für die Fabrikationsmaschinen (hierzu gehören neben den hochfesten Konstruktionsstählen z. B. auch die Hartmetalle für Scheidwerkzeuge) auf den heutigen Stand gebracht werden konnten.

Darüber hinaus lernte man durch genauere Kenntnis der Werkstoffeigenschaften nun mit Erfolg teuere oder schwer erhältliche Materialien durch andere zu ersetzen, ohne daß diesen der Mangel des „Behelfs" anzuhaften brauchte. So konnten technische Metalle wie Platin, Silber, Wolfram, Zinn, Nickel usw., deren Weltvorräte bekanntlich nicht sehr groß sind, an vielen Stellen entbehrlich gemacht werden. Durch geeignete Legierungszusammensetzung wurde nicht nur die mechanische und thermische Festigkeit, sondern auch die chemische Beständigkeit metallischer Werkstoffe beeinflußt. In den chemischen Laboratorien andererseits entstanden neue nichtmetallische Werkstoffe, die Kunststoffe, die nicht nur geeignet sind, vollwertig an die Stelle bisher verwendeter Naturstoffe zu treten — Kunstseide, Kunstkautschuk usw. —, sondern zum Teil ganz neue Möglichkeiten der technischen Entwicklung mit sich bringen.

Wie in der jungen Geschichte der Werkstoffkunde der erste Weltkrieg eine bedeutsame Rolle spielt, indem er eine intensive Werkstofforschung erst eigentlich veranlaßte, so haben auch weiterhin Notzeiten wie Weltwirtschaftskrisen und insbesondere der zweite Weltkrieg die Arbeiten auf diesen Gebieten vorangetrieben. Glücklicherweise sind aber auch ohne den Zwang bitterer Notwendigkeiten in den dazwischen liegenden Jahren und bis zur Gegenwart bedeutende Fortschritte in der Technik erzielt worden, die großenteils zurückzuführen sind auf eine genaue Kenntnis und Beherrschung des Werkstoffes, seine richtige Auswahl, Zusammensetzung und Formung für die gestellten Anforderungen. Die Werkstoffkunde ist deshalb heute ein Bestandteil der Ingenieurausbildung wie die Festigkeitslehre, die Thermodynamik usw. Sie soll nicht nur wenigen Spezialisten zugänglich sein, sondern zum Rüstzeug jedes Konstrukteurs werden — ein Gedanke, den der Dichteringenieur Max Eyth in die Worte faßte:

„Der Ingenieur muß wissen, wie es dem Werkstoff zumute ist".

Da im Rahmen dieser Sammlung nur ein kurzer Abriß des umfangreichen Gebietes der Werkstoffkunde gegeben werden kann, soll der vorliegende 1. Band zunächst eine aufzählende Zusammenstellung der Werkstoffe des Maschinenbaues und eine Einführung in die Methoden der Werkstoffprüfung bringen. Der 2. Band behandelt dann die wichtigsten metallischen und nichtmetallischen Werkstoffe im einzelnen. Dabei kann hier wie da kein Anspruch auf Vollständigkeit erhoben werden, denn fast über jedes einzelne Kapitel sind schon umfangreiche Bücher geschrieben worden. Der Zweck dieser „Göschen-Bändchen" beschränkte sich vielmehr immer darauf, dem technisch vorgebildeten Laien sowie dem Studierenden der technischen Fach- und Hochschulen eine Einführung und einen Überblick über den derzeitigen Stand der Dinge zu geben.

2. Die Werkstoffe des Maschinenbaues

21. Metallische Werkstoffe

211. Metalle und Legierungen

Die Metalle sind die wichtigsten Werkstoffe des Maschinenbaues, sie werden wegen ihrer den meisten anderen Stoffen überlegenen Festigkeit und Zähigkeit für die kraftübertragenden Teile der Maschinen verwendet und bilden gleichsam das Gerippe, das Knochengerüst der Maschinen. Sie haben die Kräfte und Bewegungen bei der Energieumwandlung in den Maschinen zu vermitteln und unterliegen somit mechanischen Beanspruchungen. Die mechanischen Eigenschaften der Metalle sind es daher in erster Linie, die sie schon von jeher als Konstruktionswerkstoffe besonders geeignet erscheinen ließen. Wenn es den Fortschritten der Werkstoffkunde gelungen ist, an vielen Stellen auch andere Werkstoffe die mechanischen Aufgaben der Metalle übernehmen zu lassen, so bleiben diese doch auch noch durch weitere Eigenschaften den nichtmetallischen Werkstoffen überlegen. Sie sind in verhältnismäßig hohen Grenzen beständig gegen Temperatureinflüsse, d. h. sie behalten ihre Festigkeitseigenschaften auch noch bei höheren Temperaturen bei. Sie unterliegen im allgemeinen geringerer Abnutzung als andere Stoffe und sind unempfindlich gegen das Eindringen von Feuchtigkeit. Allerdings sind sie bei Feuchtigkeits- wie bei Temperatureinwirkung erhöhter Korrosion ausgesetzt. Die Korrosion, also die Zerstörung durch chemische oder elektrochemische Angriffe, wie sie beim Eisen z. B. als Rost bekannt ist, muß als nachteilige Eigenschaft der Metalle erwähnt werden.

Reine Metalle werden im Maschinenbau, insbesondere für kraftübertragende Elemente nur selten verwendet, weil ihre Festigkeit für die Zwecke des Konstrukteurs in der Regel nicht ausreicht. Man findet sie nur da, wo es auf rein physikalische Eigenschaften wie Wärmeleitung oder elektrische Leitfähigkeit oder auf besondere chemische Eigenschaften ankommt. Allerdings sind sie dann auch meist nicht absolut rein, sondern nur „technisch rein", d. h. mit einem gewissen Grad von Verunreinigungen behaftet. Durch Zusammenschmelzen von zwei oder mehreren Metallen oder auch von Metallen mit Nichtmetallen lassen sich aber „Legierungen" (vom ital. Wort lega = Vereinigung) schaffen, deren Eigenschaften den Anforderungen der Konstruktionen besser angepaßt werden können. Solche Gemische und Verbindungen entstehen in festen Lösungen, die in ihrem physikalischen, Verhalten den geläufigen flüssigen Lösungen entsprechen, etwa von festen Stoffen in Flüssigkeiten oder von Flüssigkeiten ineinander. Sie unterscheiden sich von flüssigen Lösungen nur darin, daß sie bei normaler Temperatur bereits erstarrt sind. Innerhalb der festen Lösungen findet ebenso wie in einer flüssigen Lösung ein Ausgleich und somit eine Wanderung der einzelnen Bestandteile statt, so lange, bis ein Gleichgewichtszustand erreicht ist. Bei Übersättigung mit einem Lösungsanteil kristallisiert dieser in der festen Lösung aus und durchsetzt das ganze „Gefüge". Von der Ausbildung und Verteilung der Kristalle und ihrem Gleichgewichtszustand hängen die Eigenschaften der Metallegierungen ab.

212. Eisen und Stahl

Das *Eisen* (Fe) kommt in Form von oxydischen Erzen in Schweden, Nordamerika, Frankreich, Spanien, England, Österreich, Deutschland (Siegerland und Harz) vor. Aus den Eisenerzen, z. B. Magneteisenstein, Roteisenstein, Spateisenstein wird im Hochofen das Roheisen erschmolzen. Der Schmelzpunkt des reinen Eisens liegt bei 1530° C, das spez. Gewicht beträgt 7,85.

Das Eisen ist der wichtigste Werkstoff des Maschinenbaues, ohne ihn wäre der Maschinenbau praktisch nicht denkbar. Das technische Eisen ist nicht das reine Element Fe (ferrum), sondern stets eine Legierung dieses Elementes mit anderen Stoffen. Das chemisch reine Eisen ist schwer darzustellen und daher sehr teuer, außerdem ist es für die meisten technischen Zwecke ungeeignet, weil es sehr weich ist. Seine vorherrschende Stellung im Maschinenbau und in der ganzen Technik überhaupt verdankt das Eisen vielmehr seiner wunderbaren Legierungsfähigkeit, die es ermöglicht, ihm fast jede für technische Zwecke gewünschte Eigenschaft zu geben. Sowohl die Verarbeitungseigenschaften (Gießbarkeit, Schmiedbarkeit) und die mechanischen Eigenschaften (Festigkeit, Härte, Zähigkeit usw.) als auch die chemischen und elektrischen Eigenschaften des Eisens lassen sich durch die Legierungszusammensetzung in gewissen Grenzen beeinflussen.

Der wichtigste Legierungspartner des Eisens ist der Kohlenstoff. Er tritt bereits bei der Gewinnung aus den Erzen auf und kann in der Menge und der Form seiner Ausbildung durch die Art der Verarbeitung beeinflußt werden. Bereits in den Eisenerzen vorhanden sind vielfach die sogenannten

Eisenbegleiter wie Phosphor, Schwefel, Silizium, Kupfer, Mangan usw., die zum Teil darüber hinaus auch absichtlich als Legierungselemente zugesetzt werden, ebenso wie Nickel, Chrom, Wolfram, Molybdän, Kobalt, Aluminium u. a., um bestimmte Eigenschaften zu erzielen. Die Steuerung des Kohlenstoffgehaltes bringt jedoch die grundlegendsten Veränderungen der Eigenschaften mit sich, obwohl er sich nur in den Grenzen von etwa 0,1 bis 4,5 % C bewegt. Die Unterschiede, die innerhalb dieses verhältnismäßig geringen Bereiches hinsichtlich des äußeren Aussehens, der mechanischen und technologischen Eigenschaften durch den Legierungsanteil des Kohlenstoffes hervorgerufen werden, sind jedoch so gewaltig, daß hier die Grundlage für die Einteilung der Eisensorten gegeben ist:

Als *Roheisen* bezeichnet man das nicht schmiedbare Eisen mit Kohlenstoffgehalten über 1,7 %, das ohne geeignete Umschmelzung nicht technisch verwendbar ist. Im „weißen Roheisen" ist der Kohlenstoff chemisch gebunden, es zeigt eine weiße Bruchfläche und ist hart und spröde. Beim „grauen Roheisen" scheidet sich ein Teil des Kohlenstoffgehaltes als Graphit aus, daher graue Bruchfläche, etwas weicher und zäher. Durch Umschmelzen im Kupolofen unter Zugabe von Gußschrott und Brucheisen wird insbesondere der Schwefelgehalt des Roheisens herabgesetzt und man erhält die verschiedenen Graugußsorten mit rund 2,5 bis 4 % C. Neben dem normalen Grauguß nach DIN 1691, der noch gewisse Anteile an Silizium, Phosphor und Mangan (teils als Eisenbegleiter, teils als Zulegierungen) enthält, seien hier Gußeisensorten mit besonderer Gefügeausbildung wie Perlitguß, legiertes Gußeisen und das sogenannte duktile Gußeisen („Sphäroguß") erwähnt. Kennzeichnend für den üblichen Grauguß ist die leichte Formgebungsmöglichkeit durch Gießen, die jedoch im allgemeinen mit großer Sprödigkeit verbunden ist, so daß keine allzu hohen mechanischen Festigkeitswerte erreicht werden, und Gußeisen für Kaltverformung überhaupt nicht, für Warmverformung nur bedingt geeignet ist. Beim Temperguß (DIN 1692) dagegen, der ähnlich wie Grauguß, aber aus weißem Roheisen umgeschmolzen wird, kann durch nachträgliche Glühbehandlung (Tempern) der Kohlenstoffgehalt bis auf 0,3—1 % reduziert werden. Dadurch wird der Guß zäh, leichter bearbeitbar, schweißbar und in beschränktem Maße schmiedbar.

Das schmiedbare Eisen mit weniger als 1,7 % C wird heute allgemein als *Stahl* bezeichnet. In den Stählen liegt der Kohlenstoff in gebundener Form als Eisenkarbid vor und beeinflußt wieder je nach seiner Menge die Gefügeausbildung, die Festigkeitseigenschaften, die Härtbarkeit und die Schmiedbarkeit. Die beiden letztgenannten Eigenschaften können als kennzeichnend für die Stähle angesehen werden: im warmen wie auch im kalten Zustand lassen sich die Stähle durch Schmieden, Pressen, Walzen, Ziehen verformen, und durch Wärmebehandlung können Umwandlungen innerhalb der festen Lösung erzielt werden, die eine bleibende Veränderung der Festigkeitseigenschaften (Härte) hervorrufen. Auch der Stahl wird durch einen Umschmelzprozeß aus Roheisen gewonnen. Je nach der Führung der Umwandlung und der dabei eintretenden Reaktionen unterscheidet man Bessemerstahl, Thomasstahl, Siemens-Martinstahl, Elektrostahl. Ein wesentlicher Bestandteil des Herstellungsprozesses ist die dem Umschmelzen folgende Warmverformung durch Schmieden, Walzen und dergleichen, weil hierdurch das Gefüge verfeinert und die Eigenschaften verbessert werden. Unlegierte Kohlenstoffstähle finden sich vor allem in den DIN-Blättern 1611—1613, Einsatz- und Vergütungsstähle in DIN 1661, legierte Stähle in DIN 1662—1665. Eine Übersicht über die Einteilung und Werkstoffkennzeichnung auf dem gesamten Stahlgebiet gibt das DIN-Blatt 17006.

Wird der Stahl nach dem Umschmelzen gleich zu fertigen Formstücken vergossen und nachträglich nicht mehr verformt, so spricht man von Stahlguß (DIN 1681). Auch hierbei ist eine Verbesserung der Eigenschaften durch Zulegieren möglich (legierter Stahlguß).

213. Nichteisen-Metalle

Die überragende technische Bedeutung des Eisens hat dazu geführt, der Gruppe „Eisen und Stahl" alle übrigen technischen Metalle unter dem Sammelbegriff „Nichteisenmetalle" gegenüberzustellen. Diese Metalle bilden zum Teil mit eigenen Legierungen wichtige Werkstoffe des Maschinenbaues, andere haben ihre wesentliche Bedeutung durch ihre Legierbarkeit zum Stahl erhalten, dessen Eigenschaften sie günstig zu beeinflussen vermögen. Schließlich bleibt eine Gruppe von Metallen, die im Maschinenbau nur eine untergeordnete oder gar keine Rolle spielen.

Kupfer (Cu): In Form von sulfidischen und auch oxydischen Erzen (Kupferkies, Kupferglanz, Rotkupfererz) und auch in gediegener Form kommt das Kupfer vor allem in USA und Kanada, in Chile, in Zentralafrika, in Skandinavien und in Rußland vor. In Deutschland gibt es nur geringfügige Kupfererzvorkommen bei Mansfeld, im Rheinland und in Schlesien. Aus den Erzen wird das Kupfer durch Schmelzen (trockenes Verfahren) oder auch durch Lösen (nasses Verfahren) gewonnen. Reines Kupfer schmilzt bei 1083° C, das spezifische Gewicht beträgt 8,9.

Kupfer ist ein guter Leiter für Wärme und elektrischen Strom. Es ist sehr weich und kann daher gut zu Drähten gezogen werden. Im Maschinenbau haben die Kupferlegierungen wegen ihrer höheren Festigkeit mehr Bedeutung als das reine Kupfer. Sie gehen im allgemeinen unter der Bezeichnung Bronzen und finden mannigfache Verwendung für Lagerschalen, Armaturen, Zahnräder, Antriebsschnecken usw. Messing ist eine Kupferzinklegierung, die sich sehr gut bearbeiten läßt und ebenfalls für Armaturen und Lager, hauptsächlich aber in der feinmechanischen und optischen Industrie verwendet wird.

Aluminium (Al) wird auf elektrolytischem Wege aus reiner Tonerde gewonnen. Die Ausgangsstoffe für die Tonerde sind Bauxit und Laterit, die hauptsächlich in Frankreich, Jugoslavien, Ungarn, USA, Kanada und Rußland abgebaut werden. Schmelzpunkt: 659° C, spez. Gewicht 2,7.

Durch Legierungszusätze können die Eigenschaften des sehr weichen Aluminiums verbessert werden, so daß es als Konstruktionswerkstoff für Leichtbaukonstruktionen, vor allem im Flugzeugbau eine wichtige Rolle spielt (z. B. Duralumin, eine Aluminium-Kupfer-Magnesium-Legierung).

Magnesium (Mg): Die Ausgangsstoffe für die Magnesiumgewinnung sind Magnesit und Dolomit, aus denen das reine Metall vorzugsweise auf elektrolytischem Wege dargestellt wird. Neuerdings hat man gefunden, daß sich Magnesium auch aus Seewasser gewinnen läßt. Schmelzpunkt: 650° C, spezifisches Gewicht: 1,74.

Eine Legierung von Magnesium und Aluminium und einigen Zuschlagstoffen ist unter dem Namen Elektron bekannt. Wegen seines geringen Gewichtes wird dieser Werkstoff besonders im Flugzeugbau verwendet.

Titan (Ti) kommt hauptsächlich in Japan und auch in USA vor. Schmelzpunkt 1727° C, spez. Gewicht 4,5.

Titan ist seit langem bekannt als Legierungselement zu Stahl (z. B. Zusatz zu CrNi-Stählen) und zu Leichtmetallen. Titan-Karbid ist neben Wolframkarbid eines der wichtigsten Hartmetalle. Neuerdings bahnt sich die Entwicklung von Legierungen auf Titanbasis (~ 90% Ti) an, die einen Konstruktionswerkstoff hoher Festigkeit bei geringem Gewicht ergeben (Flugzeugbau).

Blei (Pb): Bleihaltige Erze (z. B. Bleiglanz) kommen in USA, Mexiko, Kanada, Australien, Spanien und auch in Deutschland (Freiberg i. Sa., Oberharz und Oberschlesien) vor. Das Blei wird aus diesen Erzen erschmolzen und anschließend raffiniert. Schmelzpunkt: 327° C, spezifisches Gewicht: 11,3.

Im Maschinenbau ist das Blei vor allem in legierter Form als Lagermetall von Bedeutung. Im übrigen findet es wegen seiner chemischen Beständigkeit in der chemischen Industrie für Behälter und Rohrleitungen Verwendung. Die Hauptanwendung liegt wohl auf dem Gebiet der Elektrotechnik: Korrosionsfeste Kabelummantelungen und Akkumulatorenplatten. Als Letternmetall ist es schon seit den Anfängen der Buchdruckerkunst im Gebrauch.

Zinn (Sn): Die wichtigsten Lagerstätten für oxydische Zinnerze (Zinnstein) befinden sich in Britisch-Malaya, Niederländisch-Indien (Banka-Zinn), Australien, China, Bolivien und Südafrika. Durch reduzierendes Schmelzen wird das Rohzinn gewonnen, das dann noch auf verschiedene Arten gereinigt wird. Schmelzpunkt 232° C, spezifisches Gewicht: 7,3.

Zinn wird in reiner Form vornehmlich als Überzugsmaterial zum Oberflächenschutz verwendet (Weißblech). Hochprozentige Zinnlegierungen sind als Lagermetalle (Weißmetalle) und als Lötmaterial in Gebrauch. Darüber hinaus ist das Zinn als Legierungszusatz, vor allem zu Kupfer, von Bedeutung.

Zink (Zn): Hauptsächlich in USA und Kanada, aber auch in Deutschland und Belgien kommen die sulfidischen und auch oxydischen Zinkerze vor, aus denen das Rohzink erschmolzen wird. Durch Umschmelzen wird der Reinheitsgrad erhöht (Raffinadezink), der durch besondere Verfahren (Feinzink) noch weiter gesteigert werden kann. Schmelzpunkt: 419° C, spezifisches Gewicht: 7,1.

Die häufigste Anwendung ist die Verzinkung von Eisenteilen und Eisenblechen zum Rostschutz. In Legierungen mit Aluminium, Kupfer und Magnesium und auch Zinn wird Feinzink auch als Lagermetall verwendet. Kleinere Teile und Gehäuse für den Apparatebau können aus Zink-Spritzguß (Druckgußverfahren) hergestellt werden.

Nickel (Ni) wird aus Schwefelerzen, deren größte Lagerstätte in Kanada ist, und aus Oxyderzen, die hauptsächlich in Neukaledonien vorkommen, gewonnen. Schmelzpunkt: 1452° C, spezifisches Gewicht: 8,8.

Die technische Bedeutung liegt in erster Linie in der Legierungsmöglichkeit zum Stahl. Verschiedene Nickellegierungen zeichnen sich durch besondere Wärmebeständigkeit aus. Als Überzugmaterial ist Ni weitgehend durch Chrom verdrängt worden.

Chrom (Cr): Chromvorkommen finden sich in der Türkei, im Ural, in Südafrika und Indien. Schmelzpunkt: 1890° C, spezifisches Gewicht: 7,1.

Das Hauptanwendungsgebiet von Chrom ist die Oberflächenveredelung und die Legierung von Stählen.

Mangan (Mn) ist meist zu geringen Prozentgehalten in Eisenerzen enthalten. Manganhaltige Erze finden sich in Rußland, Indien, Afrika, Brasilien. Schmelzpunkt: 1260° C, spezifisches Gewicht: 7,3.

Mangan wird als Legierungselement vor allem zum Desoxydieren zugesetzt und erhöht die Verschleißfestigkeit der Stähle.

Vanadium (V) kommt in Südafrika und USA vor. Schmelzpunkt 1715° C, spezifisches Gewicht: 5,6.

Als Legierungselement dient es zur Herstellung von Federstählen und Stählen mit hoher Warmfestigkeit.

Wolfram (W) findet sich in China, Indochina, Australien, Spanien und Portugal. Schmelzpunkt: 3370° C, spezifisches Gewicht: 19,2.

Als Legierungselement beeinflußt Wolfram die magnetischen Eigenschaften und die Härte von Stählen. Wolfram-Karbid wird zur Herstellung von Hartmetallen für Werkzeuge verwendet.

Kobalt (Co) kommt zusammen mit Nickel in schwefelhaltigen Erzen in Kanada oder auch in oxydischen Kupfererzen vor. Schmelzpunkt: 1489° C, spezifisches Gewicht: 8,9.

Kobalt wird ebenfalls als Legierungselement den Werkzeugstählen und Magnetstählen zugesetzt. Bei der Herstellung von Hartmetallen dient es als Bindemittel für Wolfram und Chrom.

Molybdän (M) wird in Nord- und Südamerika, Skandinavien und Marokko gewonnen. Schmelzpunkt: 2620° C, spezifisches Gewicht: 10,2.

Es bildet ein wichtiges Legierungselement für warmfeste und korrosionsfeste Stähle.

22. Nichtmetallische Werkstoffe

Das *Holz* ist nicht nur ein wichtiger Rohstoff für die Gewinnung von Zellulose, die wiederum als Ausgangsstoff in der

Papier- und Kunststoffindustrie unentbehrlich ist. Holz ist in seiner gewachsenen Form von altersher ein Konstruktionswerkstoff, der heute zwar vornehmlich im Bauwesen, aber auch im Maschinenbau noch von Bedeutung ist. Sein hauptsächlichstes Anwendungsgebiet ist der Flugzeugbau, während im eigentlichen Maschinenbau, abgesehen vom Landmaschinenbau, nur mehr untergeordnete Teile aus Holz gefertigt werden. Außerdem bewährt es sich nach wie vor als Modellwerkstoff für Eisen- und Metallgießereien.

Die *Kunststoffe*, die ursprünglich als Isolierstoffe für die Elektrotechnik entwickelt waren, haben auf Grund ihrer Festigkeitseigenschaften und ihrer Vielseitigkeit auch Eingang in den Maschinenbau gefunden. Sie werden zur Herstellung von Gleitlagern und geräuscharmen Zahnrädern verwendet und führen sich für die verschiedensten Konstruktionsteile auf allen Gebieten des Maschinenbaues immer mehr ein. In geschäumter Form (Schaumstoff) dienen sie zur Wärme- und Schallisolierung, als Folien für Feuchtigkeitsisolierung und Korrosionsschutz, ebenso wie sie als Lacke in erster Linie korrosionshemmende Überzüge bilden sollen.

Neben den bisher aufgeführten Konstruktionswerkstoffen bedarf der Maschinenbau noch einiger Stoffe, die man zusammenfassend als Hilfswerkstoffe bezeichnen könnte, obwohl sie zum Teil wichtige Aufgaben zu erfüllen haben. Z. B. dient das *Leder* im Maschinenbau zur Herstellung von Treibriemen, die jedoch neuerdings vielfach auch aus Textil- oder Kunststoff-*Geweben* gefertigt werden. *Gummi* wird ebenfalls mit Gewebeeinlagen für Antriebsriemen (Keilriemen, Gummiflachriemen) verwendet, vor allem aber für die Bereifung von Fahrzeugen. Seine elastischen Eigenschaften werden zur Federung und zur Dämpfung von Schwingungen ausgenutzt, z. B. bei Motoraufhängungen usw. Anorganische Stoffe wie *Glas* und *Asbest* sind wichtige Wärmeschutz- und Isoliermittel. Nicht im bisher besprochenen Sinne „Werkstoffe“ sind die *Oele* und *Fette*, zum Teil pflanzlicher und tierischer Herkunft, vor allem aber Mineralölprodukte. Sie bilden die Schmiermittel für alle gleitenden und bewegten Teile, ohne die der Maschinenbau nicht denkbar ist.

3. Grundbegriffe der Werkstoffprüfung

31. Kräfte, Verformungen, Spannungen

Die Konstruktionswerkstoffe müssen im Maschinenbau Kräfte übertragen, es werden also Anforderungen an ihre Festigkeit gestellt. Unter Festigkeit eines Körpers versteht man seinen Widerstand gegen die Trennung der kleinsten Teilchen, aus denen er „zusammengebaut" ist. Die Werkstoffe müssen demnach in der Konstruktion zwei Grundforderungen erfüllen: unter Einwirkung der Betriebskräfte darf kein Bruch eintreten, aber auch die Verformung darf eine gewisse Grenze nicht überschreiten. Um nun die Werkstoffe sowie die Konstruktionen diesen Forderungen entsprechend anzuwenden und die Konstruktionsteile richtig zu bemessen, müssen ihr Verhalten unter Belastungen, ihre Festigkeit und ihre Verformungseigenschaften bekannt sein. Es gibt nämlich keine absolut starren Körper, Verformungen unter Last treten bei jedem Stoff auf, wenn sie auch oft nicht ohne weiteres wahrnehmbar sind.

Infolgedessen sind drei verschiedenartige Aufgaben für die Konstruktion möglich, bei denen der Wechselwirkung von Kraft und Verformung Rechnung getragen werden muß. Einmal kommt es auf die Übertragung einer bestimmten Kraft an. Dann kann die Verformung in Kauf genommen werden, und man wird den Werkstoff so wählen und so dimensionieren, daß die Wirkungsweise der übrigen Konstruktion nicht beeinträchtigt wird, z. B. bei einer Kette im Getriebe. An anderer Stelle, z. B. bei Werkzeugmaschinen, darf eine bestimmte Verformung nicht überschritten werden, da sonst die Arbeitsgenauigkeit gefährdet ist. Und schließlich kann die Aufnahme einer bestimmten Arbeitsmenge, also Kraft *und* Verformung, verlangt werden. So muß sich beispielsweise eine Feder unter bestimmter Last um einen bestimmten Betrag verformen.

Zwischen Kräften und Verformungen besteht ein gesetzmäßiger Zusammenhang, den man sich am besten an einem einfachen Modell veranschaulichen kann: zieht man einen Gummistrang mit beiden Händen auseinander, übt also eine

Zugkraft auf ihn aus, so dehnt er sich, er wird länger und dabei zugleich dünner. Bei Nachlassen der Zugkraft geht er wieder in seine alte Gestalt zurück. War die ursprüngliche Länge des Gummistabes l cm und ist Δl cm die Verlängerung, so ist die auf die Ausgangslänge bezogene Verlängerung

$$\frac{\Delta l}{l} = \varepsilon,$$

die *Dehnung* des Stabes. Der Längenzunahme entspricht eine Querschnittsabnahme, die Querkontraktion, die in einem bestimmten Verhältnis zu ε steht:

$$\frac{\varepsilon_{\text{längs}}}{\varepsilon_{\text{quer}}} = m.$$

m wird *Poisson*sche *Zahl* genannt und ist in gewissen Grenzen eine Werkstoffkonstante, die z. B. für Stahl 10/3 beträgt.

Wird der obige Versuch mit einem wesentlich dickeren Gummistab wiederholt, so spürt man deutlich, daß zum Erzielen der gleichen Verlängerung eine größere Kraft erforderlich ist. Die Kräfte verhalten sich wie die Querschnitte der beiden Stäbe, und in jedem Fall ist die aufgewandte Kraft P kg, bezogen auf den Stabquerschnitt F mm², also die für einen Querschnitt von 1 mm² aufzubringende Kraft

$$\frac{P}{F} = \sigma \text{ kg/mm}^2,$$

die *Spannung*, die die Dehnung ε hervorruft. Als Spannung bezeichnet man den auf die Querschnittseinheit entfallenden Anteil der übertragenen Kraft. Bei Steigerung der Kraft wächst die Dehnung proportional zur Spannung, eine Gesetzmäßigkeit, die im Jahre 1678 von *Hooke* entdeckt wurde. Das nach ihm benannte *Hooke*sche *Gesetz*

$$\varepsilon = \alpha \cdot \sigma$$

ist die Grundlage der Festigkeitslehre und gilt bei hinreichend kleinen Spannungen für alle festen Werkstoffe. Der Proportionalitätsfaktor α ist dann meist eine sehr kleine Zahl, weshalb als wichtige Werkstoffkenngröße der Reziprokwert $1/\alpha = E$, der *Elastizitätsmodul* [kg/cm²] angegeben wird. In

Zahlentafel 1 sind die Elastizitätsmoduln für einige metallische Werkstoffe zusammengestellt.

Zahlentafel 1

Elastizitäts- und Gleitmodul für metallische Werkstoffe

Werkstoff	E-Modul kg/mm²	Gleitmodul kg/mm²
Weicher Stahl	~ 20000	7750
Mittelfester Stahl.	~ 21500	8250
Federstahl (hart)	~ 22000	~ 8800
Stahlguß	~ 21500	~ 8300
Grauguß	8000–11000	3000–4000
Aluminium und Legierungen .	~ 7000	~ 2700
Magnesium und Legierungen .	4700	1760
Kupfer (mittelhart)	11000	4250
Messing (gegossen)	8000	3100
Bronze (Knetlegierung)	12000	4600
Zink (gewalzt)	9600	3700

32. Elastizität, Plastizität

Elastizität ist die Fähigkeit eines Werkstoffes, durch Belastung entstandene Verformungen nach Entlastung wieder vollkommen rückgängig zu machen. In Abb. 1a ist die Beziehung zwischen Spannung und Verformung als Diagramm dargestellt. Mit größer werdendem σ wächst ε entsprechend dem *Hooke*schen Gesetz. Das „Spannungs-Dehnungs-Diagramm“ ist also eine gerade Linie. Die Steigung dieser Geraden, $\operatorname{tg} \varphi = \sigma/\varepsilon = E$, ist der Elastizitätsmodul des Werkstoffes. Die schraffierte Fläche unter dem Diagramm stellt die Arbeit dar, $A = \sigma \cdot \varepsilon/2$. Bei Entlastung schrumpft diese Fläche auf Null zusammen, d. h. die aufgewandte Arbeit wird vollständig zurückgewonnen.

Die meisten Stoffe können nur in einem beschränkten Spannungsbereich als elastisch angesehen werden. Geht die Belastung über diesen Bereich hinaus, so überwiegt die bleibende oder plastische Verformung.

Plastizität oder Bildsamkeit ist die Eigenschaft eines Werkstoffes, durch Belastung entstandene Verformungen nach Entlastung vollständig beizubehalten. Meist haben die Verformungen der Werkstoffe einen elastischen und einen plastischen Anteil. Dies zeigt Abb. 1b in der vorher schon gewählten Darstellung. Die Belastung verläuft zuerst nach dem *Hooke*schen Geradliniengesetz, dann wächst die Verformung schneller als die Spannung, und bei Entlastung

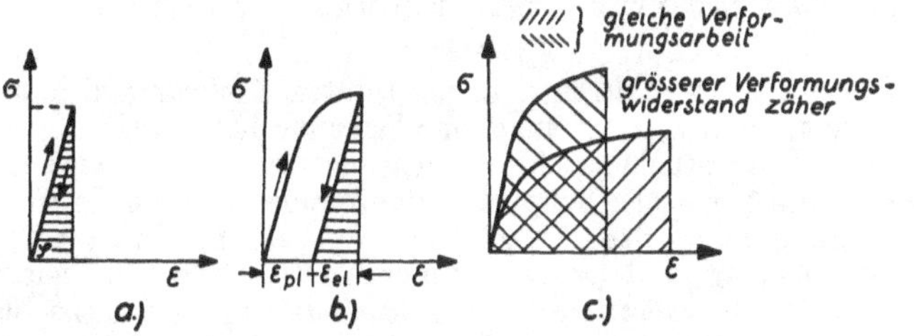

Abb. 1. Beziehung zwischen Spannung und Verformung
a) rein elastische Verformung b) plastische Verformung
c) gleiche Arbeitsaufnahme bei spröden und zähen Werkstoffen

wird nur ein Teil der aufgewandten Verformungsarbeit zurückgewonnen (schraffierte Fläche). Der Rest bleibt als plastische Verformung zurück. Die Gesamtverformung bei der aufgebrachten Last war dann $\varepsilon = \varepsilon_{el} + \varepsilon_{pl}$.

Plastische Verformung soll, wie schon erwähnt, in den Konstruktionen vermieden werden. Tritt sie ein, so ist sie ein Anzeichen von Überlastung. *Zähe Werkstoffe* künden infolge ihrer Plastizität durch deutliche Verformungserscheinungen die Gefahr eines Bruches vorher an. Außerdem ermöglicht die Zähigkeit die spanlose Formgebung durch Biegen, Ziehen, Pressen, Walzen auch im kalten Zustand und ist deshalb eine sehr erwünschte Eigenschaft. Der Grad der Zähigkeit hängt nicht nur von der aufgenommenen Verformungsarbeit, sondern auch vom Verformungswiderstand ab. Bei gleicher Arbeitsaufnahme ist der Werkstoff mit dem höheren Verformungswiderstand als zäher zu bezeichnen (Abbildung 1c). Je höher die Kraft ist, die für die plastische Verformung aufgewandt werden muß, desto zäher ist der Werkstoff.

Werkstoffe, die im Gegensatz zu den eben beschriebenen sich bei plastischer Verformung kaum verfestigen, z. B. Blei bei Raumtemperatur, nennt man „*duktile*“ (schmeidige), solche, die sich nicht oder wenig plastisch verformen, *spröde Werkstoffe*.

33. Beanspruchungsarten und Verformungsarten

Die bisherigen Erläuterungen setzten *Zug*beanspruchung voraus, die als Verformung eine Dehnung hervorruft. Kehrt diese Beanspruchung ihren Richtungssinn um, so wird sie zur *Druck*beanspruchung, und die daraus entstehende Verformung heißt Stauchung. Die *Biege*beanspruchung setzt sich aus Zug- und Druckspannungen zusammen, wie weiter unten noch gezeigt wird. Die Formänderung wird meist als Durchbiegung gemessen. Zug- und Druckspannungen bezeichnet man als Normalspannungen, weil sie normal, d. h. senkrecht auf dem beanspruchten Querschnitt stehen. Im Gegensatz dazu wirken die Schub- oder Tangentialspannungen in der Ebene des beanspruchten Querschnittes, z. B. bei *Torsions*beanspruchung, wo sie Verdrehung hervorrufen, oder bei *Scher*beanspruchung.

Bei allen diesen Beanspruchungsarten kann die Last mit konstanter Größe „ruhend“ auftreten oder langsam stetig anwachsen, oder sie kann einmal schlagartig auftreten oder auch in ständiger schneller Wiederkehr „schwingen“. Man hat versucht, diese verschiedenen Formen mit den Begriffen „statische und dynamische Beanspruchung“ zu erfassen. Unter statischer Belastung versteht man dabei auch die langsam anwachsenden Belastungen, wenn sie den Werkstoff ebenso verformen wie eine ruhende Last. Mit dynamischer Belastung sind dann alle übrigen Fälle gemeint, in denen die Beanspruchungsgeschwindigkeit von besonderem Einfluß ist. Damit umfaßt der Begriff „dynamisch“ sowohl die Schlagbeanspruchung als auch die Schwingungsbeanspruchung, die zu trennen jedoch dringend geboten ist (vgl. unten). Es hat sich deshalb in den letzten Jahren eingeführt, eine Unterscheidung nach der Richtung der Verformungen vorzunehmen, die bei allen Beanspruchungen auftreten. Erfolgt die Verformung in einem Zuge, ohne ihre Richtung zu ändern, so spricht man von *zügiger Beanspruchung.* Ändert dagegen die Verformung im Laufe des Beanspruchungsvorganges „schwingend" ihre Größe, so liegt *schwingende Beanspruchung* vor. Die zügige Beanspruchung kann sowohl ruhend (statisch) als auch dynamisch (schlagartig) sein, unter schwingender Beanspruchung wird auch die (dynamisch wiederkehrende) Dauerschlagbeanspruchung mit erfaßt.

34. Werkstoffprüfungen bei zügiger Beanspruchung

341. Der Zugversuch

Die Prüfung der Werkstoffeigenschaften im Zugversuch ist die älteste Form der technischen Werkstoffprüfung überhaupt. Sie vermittelt die Kenntnis einer ganzen Anzahl von Werkstoffkenngrößen, so daß der Zugversuch als einer der wichtigsten Festigkeitsversuche angesehen werden kann.

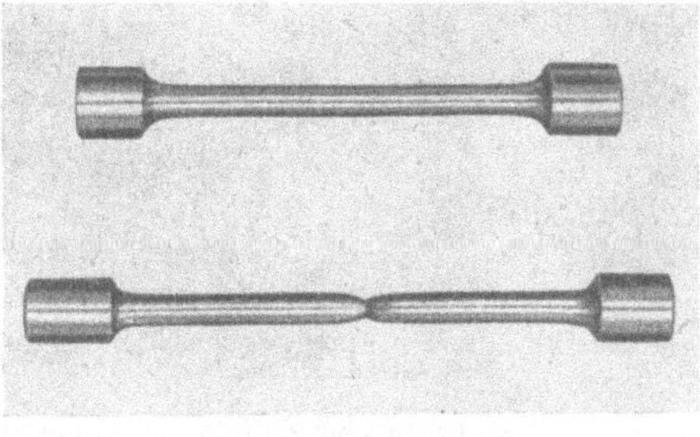

Abb. 2. Zugstäbe mit Schultereinspannung

oben: vor dem Versuch
unten: Einschnürung kurz vor dem Bruch

Abb. 3. Gebräuchliche Bauart einer Universalprüfmaschine für Zug-, Druck- und Biegungsbeanspruchung

Man verwendet *Probestäbe* klar definierter Abmessungen, da man bei Festigkeitsversuchen zunächst bemüht ist, durch leicht erfaßbare Formen die Messungen und Rechnungen zu vereinfachen. Bei Rundstäben soll die Meßlänge

— der zylindrische Teil, auf dem die Dehnung gemessen wird — in einem bestimmten Verhältnis zum Stabdurchmesser stehen. Bei Stäben mit Rechteckquerschnitt wird das gleiche Verhältnis für den Durchmesser des flächengleichen Kreises angegeben. Die Abmessungen für verschiedene Stabformen und -größen sind z. B. im DIN-Blatt 50 125 zusammengestellt. Abb. 2 zeigt (oben) als Beispiel einen Rundstab mit Schulterköpfen.

Für die *Zugprüfmaschinen* sind die verschiedensten Bauarten und die verschiedensten Methoden der Kraftmessung in Gebrauch, von denen später noch die Rede sein wird. Abb. 3 zeigt eine hydraulische sogenannte Universalprüfmaschine, die ebenso für Zugbelastung wie für Druckbelastung und auch für Biegung anwendbar ist.

Der *Zugversuch* an *Stahl*, dem wichtigsten Werkstoff des Maschinenbaues, hat den interessantesten Verlauf, der hier im einzelnen besprochen werden soll (vgl. DIN 50 145 und 50 146). Ein Probestab z. B. aus weichem Stahl wird in die Spannköpfe der Zugprüfmaschine eingesetzt und nun langsam auf Zug belastet. Eine Diagrammvorrichtung an der Maschine, die zugleich die Belastungsänderungen und die Längenänderungen registriert, zeichnet dann ein Schaubild aus Last und Verformung auf, das dem *Spannungs-Dehnungs-Diagramm* (Abb. 4) entspricht.

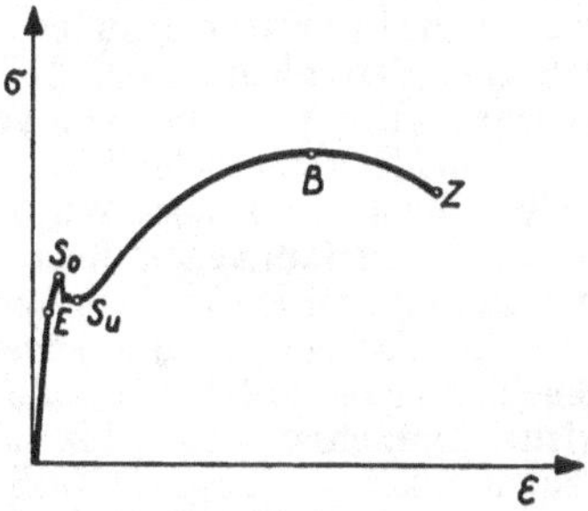

Abb. 4. Spannungs-Dehnungs-Diagramm für weichen Stahl

Der anfängliche Verlauf folgt dem *Hooke*schen Gesetz, d. h. das Diagramm verläuft geradlinig, da die Dehnungen den Spannungen proportional sind. Bei Entlastung aus diesem Gebiet tritt noch keine bleibende Verformung auf, der Stahl verhält sich noch vollkommen elastisch bis zur *Elastizitätsgrenze* (Punkt E). Die Elastizitätsgrenze ist die Spannung, bis zu der keine bleibenden Dehnungen auftreten. Der Begriff „bleibende Dehnung“ hängt praktisch sehr stark von der Meßgenauigkeit ab. Man läßt deshalb eine Toleranz von 0,005 bis 0,01% bleibender Dehnung zu und gibt an Stelle von σ_E vielfach $\sigma_{0,005}$ oder $\sigma_{0,01}$ an. (Über die Bestimmung von σ_E bzw. $\sigma_{0,01}$ siehe DIN 50 143).

Mit Beginn der plastischen Verformung biegt der Diagrammverlauf von der Geraden nach rechts ab, d. h. die Dehnung wächst schneller als die Spannung (vgl. hierzu Abb. 1b). Dies wird besonders deutlich beim Erreichen der *Streckgrenze* (Punkt *S*). Jetzt läßt der Verformungswiderstand plötzlich nach, das Material „fließt“, so daß ohne weiteres Anwachsen der Spannung die Dehnung stark zunimmt. Man kann sich diesen Vorgang etwa folgendermaßen vorstellen: der Stahlstab ist ein Verband von kleinen Kristalliten, die durch innere Kräfte zusammengehalten werden und so der von außen angreifenden Kraft einen Widerstand entgegensetzen können. Dieser Widerstand gegen Verschiebung oder Trennung der Teilchen ist die Reaktionskraft auf die aufgebrachte Belastung, die von der Prüfmaschine registriert wird. Beim Erreichen der Streckgrenze werden nun die inneren Kräfte von der äußeren Kraft soweit überwunden, daß eine Verschiebung der Teilchen stattfinden kann. Die Teilchen gleiten aufeinander ab, so daß die äußere Kraft keinen Widerstand mehr findet und somit auf gleicher Höhe bleiben oder sogar absinken kann. Das Gleiten geht auf Grund des kristallinen Aufbaues in Ebenen unter 40 bis 60° zur Belastungsrichtung vor sich. Dadurch überschneiden sich die Bahnen der gleitenden Teilchen und es können Blockierungen stattfinden, die den Widerstand so lange wieder anwachsen lassen, bis an einer anderen Stelle ein erneutes Gleiten einsetzt. Nach einer allgemeinen „Gleitblockierung“ sind schließlich sämtliche Wege für alle Teilchen versperrt, das Fließen ist beendet, der Widerstand nach außen steigt wieder an.

Die Streckgrenze σ_s wird danach definiert als die Spannung, bei der das Kraft-Verlängerungs-Diagramm der Prüfmaschine eine Unstetigkeit zeigt. Bei deutlicher Ausprägung der Streckgrenze pendelt die Kraftanzeige entsprechend dem abwechselnden Gleiten und Blockieren der Teilchen hin und her zwischen einem Höchst- und einem Tiefstwert. Diese Unterscheidung zwischen oberer (σ_{So}) und unterer (σ_{Su}) Streckgrenze ist aber nur bei sehr weichen Stählen zu erkennen. Praktisch wird meist nur die obere Streckgrenze angegeben. Bei härteren Stählen zeigt sich nur ein waagrechter Fließbereich oder ein Knick im Diagramm (Abb. 5a und b).

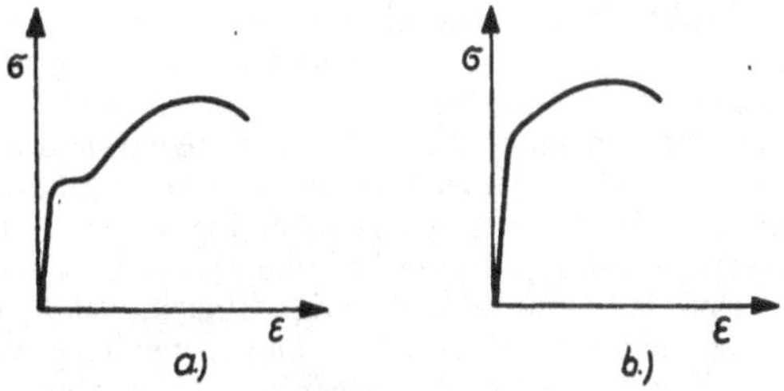

Abb. 5. Verschiedene Ausbildung der Streckgrenze
a) starke Ausprägung (Weichstahl)
b) geringere Ausprägung (hochfester Stahl)

Bei vergüteten Stählen ist ebenso wie bei den weichen Nichteisenmetallen die Streckgrenze nicht deutlich ausgeprägt, sondern es tritt ein allmählicher Übergang von der elastischen zur plastischen Verformung ein. Da die Streckgrenze aber eine wichtige Kenngröße für die Verformbarkeit und für die Festlegung der zulässigen Belastung von Konstruktionsteilen ist, wird in solchen Fällen als Ersatz die 0,2-*Dehngrenze* angegeben. $\sigma_{0,2}$ ist die Spannung, die eine bleibende Verformung von 0,2 % hervorruft. (Die Bestimmung der 0,2-Grenze erfolgt nach DIN 50 144.)

Außer an dem Stillstand oder Rückgang der Kraftanzeige ist der Fließvorgang noch durch einige äußere Anzeichen am Probestab selbst zu erkennen. An der bearbeiteten Oberfläche der Stäbe, besonders bei Flachstäben, kann man vielfach sogenannte Fließlinien beobachten, die unter 45° zur Stabachse verlaufen und von der Gleitbewegung im Inneren des Stabes herrühren. An unbearbeiteten Stäben, wie sie z. B. bei der Prüfung von Kesselblechen verwendet werden, zeigen sich diese Fließfiguren besonders deutlich, indem in Streifen unter 45° die Walzhaut abblättert. Die Oberfläche polierter Stäbe erfährt eine Trübung beim Einsetzen des Fließvorganges. Außerdem ist eine spürbare Erwärmung des Prüfstabes an der Streckgrenze festzustellen.

Nach Überschreiten der Streckgrenze steigt die Spannungsdehnungskurve flacher an als bisher und erreicht ihr Maximum im Punkt *B*. Hat bis hierhin schon die Verformung immer stärker zugenommen, so geht jetzt die Tragfähigkeit stark zurück, der Stab beginnt — normalerweise in der Mitte oder aber an einer irgendwie verursachten Schwachstelle — sich örtlich stark zu verlängern, während vorher die Dehnung über die ganze Länge gleichmäßig erfolgte. Mit dieser örtlichen Dehnung ist eine örtliche Querschnittsverminderung verbunden, eine taillenförmige Einschnürung, wie sie in Abb. 2 zu sehen ist. Dieses Nachlassen der Tragfähigkeit ist gleichbedeutend mit einem Absinken der Lastanzeige an der Zerreißmaschine, so daß, bezogen auf den Ausgangsquerschnitt des Prüfstabes, die Spannung im Diagramm scheinbar absinkt, bis bei Punkt *Z* der Bruch eintritt.

Die *Zugfestigkeit* σ_B (die auf den Anfangsquerschnitt bezogene Höchstlast, die der Probestab erträgt) galt lange als der wichtigste Werkstoffkennwert und wird deshalb zur Kennzeichnung mancher Werkstoffe verwendet. Die Baustähle werden z. B. als St 37, St 50 usw. bezeichnet, wodurch zum Ausdruck gebracht wird, daß der Stahl eine Mindest-(Zug-)Festigkeit von 37 bzw. 50 kg/mm² haben soll. In der Gesamtbeurteilung der Werkstoffe ebenso wie in der konstruktiven Berechnung tritt heute aber die Bedeutung von σ_B hinter der von σ_S zurück, da unzulässige Verformungen vermieden werden müssen. Das Verhältnis σ_S/σ_B soll im allgemeinen möglichst groß sein: für weiche bis mittelharte Stähle rechnet man mit 0,6, für vergütete und gehärtete Stähle mit 0,8 bis 0,9 und darüber.

Als *Bruchdehnung* δ wird die nach dem Bruch gemessene Dehnung bezeichnet, d. h. die Verlängerung der Meßlänge nach Zusammensetzen der beiden Bruchstücke, bezogen auf die ursprüngliche Meßlänge. Die Bruchdehnung gibt also die gesamte plastische Verformung bis zum Bruch an und ist damit ein Maß für die Verformbarkeit des Werkstoffes.

Bei kleiner Meßlänge fällt die örtliche Dehnung an der Einschnürstelle gegenüber der Gleichmaßdehnung stärker ins Gewicht, so daß die Bruchdehnung z. B. bei 5facher Meßlänge (δ_5) für den gleichen Werkstoff größer ist als bei zehnfacher Meßlänge (δ_{10}). Für weiche Stähle rechnet man mit einer Bruchdehnung von 20 bis 30 %.

Ebenso wird die Bruchquerschnittsverminderung oder *Einschnürung* ψ nach dem Bruch bestimmt als die Abnahme des Querschnitts, bezogen auf den ursprünglichen Querschnitt. Sie beträgt bei weichen Stählen bis zu 70 % und ist für die Beurteilung der Formänderungsfähigkeit noch kennzeichnender als die Bruchdehnung, schon weil sie nicht von der Meßlänge abhängt. Allerdings kann sie mit einfachen Mitteln nur an Rundstäben genau gemessen werden.

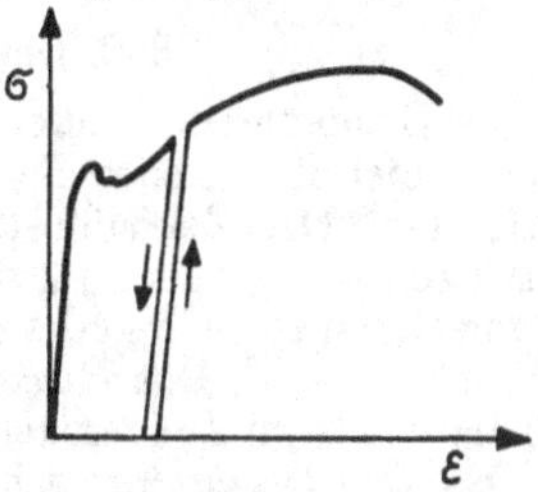

Abb. 6. Erhöhung der Streckgrenze durch Kaltverformung

Die nach Beendigung des Fließens an der Streckgrenze beobachtete Verfestigung wird als *Kaltverfestigung* praktisch ausgenutzt. Wird nach Überschreiten der Streckgrenze entlastet, so verläuft eine erneute Belastung auf der Entlastungsgeraden (Abb. 6), und als neue Streckgrenze erscheint das Einmünden der Belastungsgeraden in die ursprüngliche Kurve. Auch die Bruchfestigkeit wird wegen des beim zwei-

Zahlentafel 2

Auswirkung der Kaltverformung bei St 50

	Anlieferung	kaltgereckt
Bruchfestigkeit σ_B	= 50-60	65
Streckgrenze σ_S	= 30	60
Bruchdehnung δ	= 18	10

ten Versuch kleineren Ausgangsquerschnittes etwas höher, entsprechend nimmt die Dehnung ab. Durch „Kaltrecken" über die Streckgrenze läßt sich also die Festigkeit steigern, wobei erwartungsgemäß die Verformbarkeit vermindert wird. Zahlentafel 2 gibt ein Beispiel für die Wirkung solcher Kaltreckung bei St 50. Zur Erzielung dieser Kaltverfestigung werden z. B. Schrauben bis über die Streckgrenze angezogen (wobei gleichzeitig eine Zugeigenspannung hervorgerufen wird, die die Schraubverbindung entlastet). Besonders starke Kaltverfestigung erhält man beim Ziehen von dünnen Drähten, da außer dem Zug in Längsrichtung in der Ziehdüse auch ein Druck in Querrichtung zur Auswirkung kommt und die plastische Verformung erhöht. Auf diese Weise werden z. B. bei dünnen Stahldrähten extreme Festigkeiten von 300 bis 400 kg kg/mm² erreicht.

342. Der Druckversuch

Der Druckversuch bildet die Umkehrung des Zugversuches, so daß hier die gleichen Begriffe mit umgekehrten Vorzeichen auftreten. Der Zerreißfestigkeit σ_B entspricht die Druckfestigkeit $-\sigma_B$ oder σ_{dB}, der Streckgrenze σ_S entspricht die Quetschgrenze $-\sigma_S$ oder σ_{dS}, der Dehnung δ entspricht die Stauchung $-\delta$. Das *Hooke*sche Gesetz ist in gleicher Weise gültig wie beim Zugversuch.

Das *Druckdiagramm* schließt sich geradlinig an das Zerreißdiagramm an und wird beim Vergleich meist in der in Abb. 7 gewählten Form dargestellt. Bei zähen Werkstoffen läßt sich jedoch die Druckfestigkeit nicht bestimmen, das Diagramm verläuft kontinuierlich weiter (ähnlich dem Schaubild der wahren Spannungen beim Zugversuch), da der Probekörper nicht bricht, sondern bis zur Belastungsgrenze der Prüfmaschine zusammengestaucht wird. Für Stahl und andere zähe Werkstoffe wird daher der Druckversuch selten angewandt.

Spröde Werkstoffe haben im allgemeinen höhere Festigkeit bei Druck- als bei Zugbeanspruchung. Hier tritt auch ein Bruch ein und ermöglicht die Bestimmung der Druckfestigkeit. Der Druckversuch ist daher ein wichtiges Prüfverfahren für die Untersuchung von Baustoffen (Steinen, Beton usw.), ebenso wie für die Prüfung von Gußeisen, spröden Bronzen u. a. Abb. 8 zeigt das Druckschaubild für Grauguß im Vergleich zum Zerreißschaubild. Bei einer Zugfestigkeit von

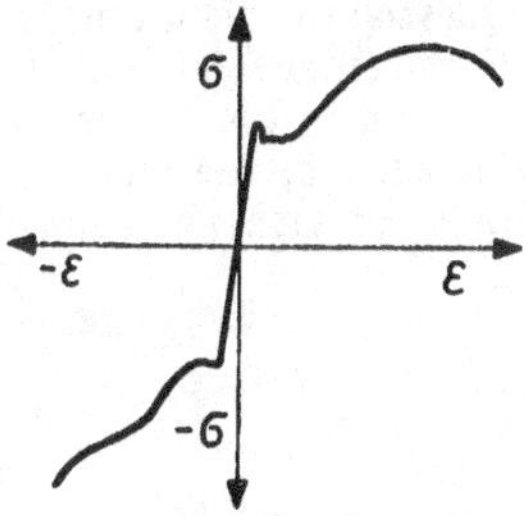

Abb. 7. Zug- und Druckdiagramm für Stahl

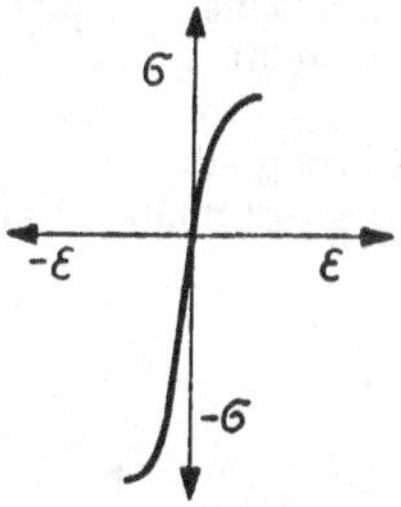

Abb. 8. Zug- und Druckdiagramm für Grauguß

15 kg/mm² beträgt die Druckfestigkeit von GG 14 z. B. etwa 70 kg/mm².

Die Druckfestigkeit ist weitgehend von der *Probenform* abhängig. Für runde Probekörper ist sie etwas größer als für solche mit quadratischer Grundfläche. Vor allem aber zeigt sich eine starke Abhängigkeit von der Probenhöhe, die schon von *Bach* an Gußeisen-Zylindern von 20 mm Durchmesser festgestellt wurde. Er fand für ein Gußeisen mit einer Zugfestigkeit von 18 kg/mm² die in Zahlentafel 3 angegebenen Druckfestigkeiten bei verschiedenen Probenhöhen.

Zahlentafel 3

Einfluß der Probenhöhe auf die gemessene Druckfestigkeit von Gußeisen (nach Versuchen von Bach). Zylindrische Proben von 20 mm ⌀. Zugfestigkeit $\sigma_{zB} = 18$ kg/mm²

Probenhöhe h mm	Druckfestigkeit σ_{dB} kg/mm²
40	72
20	75
10	86

Das Absinken der gemessenen Druckfestigkeit mit steigender Probenhöhe ist auf die Reibung des Probekörpers an den Druckplatten zurückzuführen. Ein zusammengestauchter Probezylinder hat das Bestreben, seitlich dem Druck auszuweichen. An den Stirnflächen wird er aber durch die Reibung auf seinem ursprünglichen Querschnitt gehalten, so daß er sich nicht zylindrisch, sondern zu einer Tonne verformt (Abb. 9a). Der Reibungseinfluß nimmt in die Probe hinein kegelförmig ab, d. h. die Materialteilchen, die sich an der Verformung nicht beteiligen können, werden nach innen zu

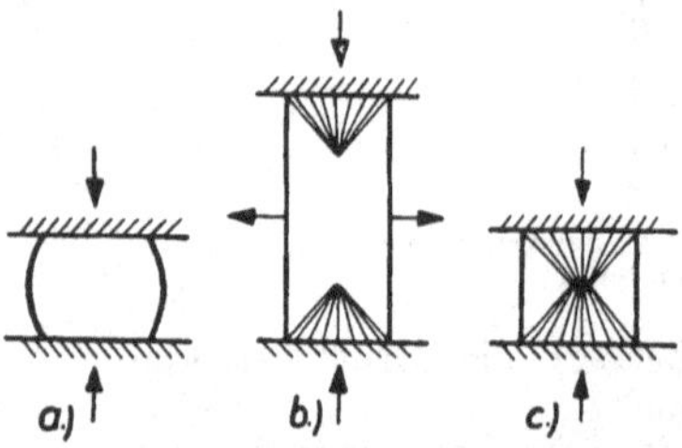

Abb. 9. Probekörper bei Druckbeanspruchung
a) tonnenförmige Verformung einer zylindrischen Probe
b) Wirkung der Druckkegel bei hoher Probe
c) Wirkung der Druckkegel bei niedriger Probe

immer weniger. Diese sogenannten Druckkegel (Abb. 9) bleiben beim Bruch der Probe erhalten, während das übrige Material an ihnen abrutscht und besonders bei spröden Stoffen nach außen abbröckelt. Ist nun der Probekörper niedrig, dann stoßen die Druckkegel von beiden Seiten zusammen und stützen einander ab (Abb. 9c), so daß sie nicht mehr so leicht die Probe auseinandersprengen können. Proben mit (im Vergleich zur Grundfläche) geringer Höhe haben also scheinbar eine größere Druckfestigkeit als schlankere Proben.

Gibt die Beobachtung der Druckkegel selbst schon diese Erklärung für die Abhängigkeit der Druckfestigkeit von der Probenhöhe, so läßt sich der Einfluß der Reibung auch durch einen einfachen Versuch nachweisen: verringert man die

Reibung durch Schmierung der Reibungsflächen an den Druckplatten (z. B. mit Fett bei Gußeisenproben oder durch einen Paraffinüberzug bei Gesteinsproben), dann ergibt sich bei gleicher Probenhöhe eine andere Druckfestigkeit als ohne Schmierung. Bei niedrigen Probekörpern wird sie geringer, bei hohen wird sie höher, weil hier die Sprengwirkung der Kegel wegfällt. An den Bruchstücken ist dann deutlich eine mehr oder weniger parallele Spaltung, aber keine Ausbildung von Druckkegeln zu erkennen.

Auf Grund dieser Formeinflüsse sind die Abmessungen der Probekörper genormt (DIN 50 106). Man verwendet entweder Würfel oder Zylinder, deren Höhe gleich dem Durchmesser ist. Die absoluten Maße sind dabei von sekundärer Bedeutung, jedoch haben sich für verschiedene Materialien bestimmte Abmessungen als gebräuchlich eingeführt und sind somit auch in den einzelnen Werkstoffnormen festgelegt (Betonwürfel, Zementwürfel, Graugußzylinder, Kunststoffwürfel).

343. Der Biegeversuch

Bei Biegebeanspruchung treten in einem Körper gleichzeitig Zug- und Druckspannungen auf, so daß gewisse Gesetzmäßigkeiten der bisher besprochenen Versuche auf den Biegeversuch angewendet werden können. Die Zugspannungen bewirken Dehnungen, die Druckspannungen eine Verkürzung, d. h. ein gebogener Stab wird auf der einen Seite länger, auf der anderen kürzer. Dazwischen liegt die sogenannte neutrale Zone, die keine Längenveränderung erfährt, also auch spannungsfrei bleibt.

Der Biegeversuch wird gewöhnlich so durchgeführt, daß die stabförmigen Proben an den Enden auf zwei Rollen gelagert und in der Mitte belastet werden. Dabei erreicht das Biegungsmoment seinen größten Wert in dem belasteten Querschnitt und nimmt geradlinig nach beiden Auflageenden zu ab. Abb. 10 zeigt einen auf diese Weise gebogenen Stab zusammen mit der Momentenfläche, die die Größe der Biegungsmomente für die verschiedenen Stabquerschnitte darstellt. Das maximale Biegungsmoment beträgt für diesen

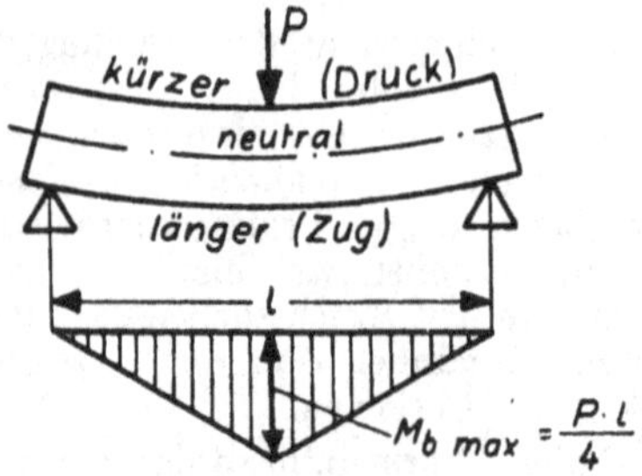

Abb. 10. Verformung und Beanspruchung an einem Biegestab

Belastungsfall nach den Gesetzen der Statik $\frac{P \cdot l}{4}$, wenn P die in der Mitte angreifende Kraft und l die Auflagerentfernung ist.

Die Spannungen sind in den Randzonen am größten und nehmen nach der neutralen Faser zu ab (Abb. 11). Im Gegensatz zur Zug- oder Druckbeanspruchung liegt also keine gleichmäßige Spannungsverteilung über den Querschnitt vor. Es ergibt sich für jeden Querschnitt die Randspannung aus Biegemoment und Widerstandsmoment des Querschnittes. Somit ist die „gefährliche Spannung" an der Stelle des größten Biegemomentes:

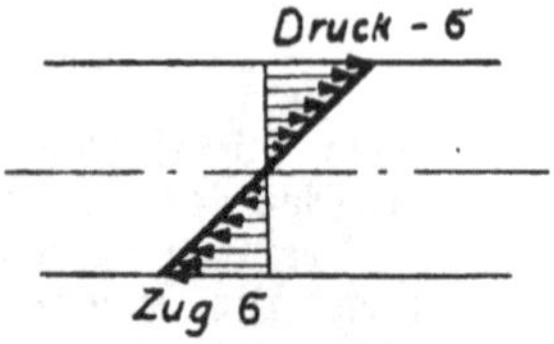

Abb. 11. Verteilung der Zug- und Druckspannungen über den Querschnitt eines biegebeanspruchten Stabes

$$\sigma_{b\,\max} = \frac{M_{b\,\max}}{W_b}$$

$$W_b \text{ für Kreisquerschnitt: } \frac{\pi\, d^3}{32} \text{ (cm}^3\text{)},$$

$$W_b \text{ für Rechteckquerschnitt: } \frac{b \cdot h^2}{6} \text{ (cm}^3\text{)}.$$

Bei unsymmetrischen Querschnitten geht die neutrale Faser durch den Schwerpunkt. Die Widerstandsmomente und damit die Randspannungen sind auf der Zug- und Druckseite verschieden, wie in Abb. 12 für das Beispiel eines U-Trägers dargestellt ist.

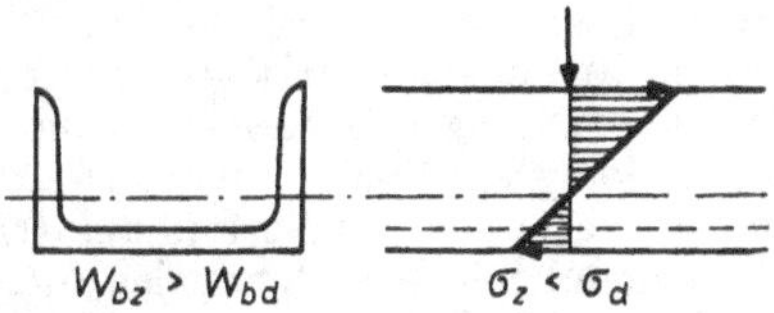

Abb. 12. Verschiebung der neutralen Faser bei unsymmetrischen Querschnitten

Die Biegefestigkeit ist jedoch (wie die Druckfestigkeit) meist bei zähen Werkstoffen nicht einwandfrei zu bestimmen, weil kein Bruch auftritt, sondern sich die Probe zwischen den Auflagern zusammenbiegt. Bei spröden Stoffen sind die Verformungen unter Zug- und Druckbeanspruchung verschieden, so daß sich die neutrale Faser aus der Mittellinie verschiebt. Für Gußeisen ergibt sich z. B. die in Abb. 13 gezeigte Spannungsverteilung über den Querschnitt, die größte Druckspannung σ_d ist größer als die größte Zugspannung σ_z. In allen derartigen Fällen ist die Randspannung nicht mehr gleich dem durch das Widerstandsmoment dividierten Biegemoment. Die Beanspruchungsverhältnisse sind also nicht ohne weiteres erfaßbar. Trotzdem sind auch die Biegeversuche für die Werkstoffprüfung von großer praktischer Bedeutung. In dem Normblatt DIN 50 110 ist der Biegeversuch als charakteristische Prüfung für Grauguß, in DIN 53 452 für harte Kunststoffe festgelegt.

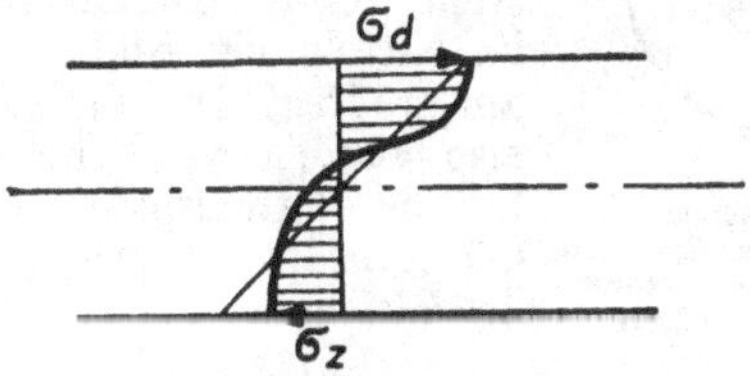

Abb. 13. Verschiebung der neutralen Faser bei Grauguß

344. Der Verdrehversuch

Verdrehbeanspruchungen treten nicht nur an Wellen, Achsen oder sonstigen Bauteilen auf, die in irgendeiner Form Drehmomente zu übertragen haben, sondern z. B. auch an Schraubenfedern, an unsymmetrischen Biegeträgern, wo überlagerte Beanspruchungen vorliegen. Reine Verdrehung beruht auf der Wirkung von *Schubspannungen.* Im elastischen Bereich ist dabei die Größe der Verformung (entsprechend dem Elastizitätsmodul bei Zug) durch den *Gleitmodul* oder Schubmodul G bestimmt. Eine Beziehung zwischen Elastizitätsmodul und Gleitmodul wird durch die *Poissonsche Zahl* m gegeben:

$$G = E \frac{m}{2(m+1)}.$$

Für Stahl ist $m = \frac{10}{3}$ und somit $G = 0{,}38 \cdot E$

$$G \cong 800\,000 \text{ kg/cm}^2$$

(vgl. Zahlentafel 1).

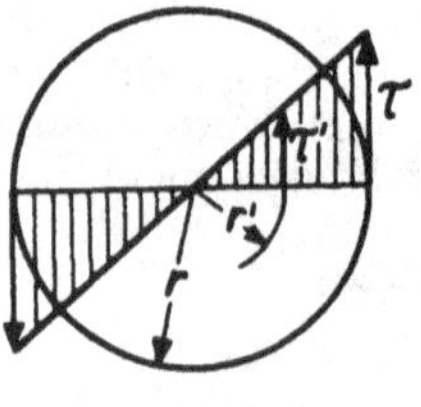

Abb. 14. Verteilung der Schubspannungen über den Querschnitt eines verdrehbeanspruchten Rundstabes

Die Verteilung der *Schubspannung* über den Querschnitt ist in Abb. 14 dargestellt. τ wächst mit dem Abstand von der Drehachse an, ist also im Mittelpunkt Null und am Rande am größten. Die Verhältnisse liegen also ähnlich wie beim Biegeversuch für die Normalspannungen, und für die Randspannung τ_{max} gilt analog der Gleichung für $\sigma_{b\,max}$:

$$\tau_{max} = \frac{M_d}{W_p}.$$

$M_d = P \cdot r$ ist das am Rande wirkende Drehmoment und W_p, das polare Widerstandsmoment, beträgt für den Kreisquerschnitt

$$\frac{\pi d^3}{16} \text{ (cm}^3\text{)}.$$

Schubspannungen sind immer von Normalspannungen begleitet, die unter 45° zur Schubrichtung am größten sind. Durch das Zusammenwirken der Schub- und Normalspannungen wird die *Bruchlage* beim Verdrehversuch bestimmt. Bei spröden Werkstoffen ist die Schubfestigkeit höher als die Trennfestigkeit der Werkstoffteilchen (Kristallite) untereinander. Daher tritt hier der Verdrehbruch nicht in der Ebene der Schubspannungen (Querschnittsebene), sondern senkrecht zur Richtung der Normalspannungen, d. h. unter 45° zur Drehachse auf. Zähe Werkstoffe nehmen dagegen vor dem Bruch plastische Formänderungen auf, die das Verhältnis von Schub- und Trennfestigkeit verändern. Meist unterliegt dabei die Schubfestigkeit, so daß der Bruch in der Ebene der Schubspannungen, also senkrecht zur Achse liegt.

Ähnlich wie beim Biegeversuch sind auch beim Verdrehversuch die Beanspruchungsverhältnisse nicht immer klar zu erfassen, zumal für unsymmetrische Querschnitte auch hier die Randspannung nicht ohne weiteres aus größtem Drehmoment und Widerstandsmoment errechnet werden kann. Bei zähen Werkstoffen tritt auch vielfach kein Bruch ein, so daß die zügige Verdrehfestigkeit nur selten bestimmt wird. Der Verdrehversuch hat deshalb hauptsächlich als technologische Prüfung, z. B. als Verwindungsversuch an Drähten (DIN 51 212, vgl. Abschn. 347) Bedeutung.

345. Der Kerbschlagversuch

Der Schlagbiegeversuch gibt Aufschluß über die *Zähigkeit* oder auch die Stoßfestigkeit eines Werkstoffes, über welche die Prüfungen mit langsamer Laststeigerung (Zug- und Biegeversuche) nichts aussagen. An drei Stählen, einem C-Stahl, einem Mn-Stahl und einem CrNi-Stahl wurden z. B. gleiche Bruchfestigkeit und Dehnung beim Zugversuch festgestellt, beim Biegeversuch ließen sich alle drei ohne Bruch zusammenbiegen. Beim Kerbschlagversuch dagegen brach der C-Stahl fast ohne Verformung mit einer Kerbzähigkeit von 4 mkg/cm², der Mn-Stahl bei geringer Durchbiegung mit 12 mkg/cm², während der Cr-Ni-Stahl mit einer Schlagarbeit von 25 mkg/cm² nicht durchschlagen wurde. Vgl. hierzu Abb. 15.

Der Unterschied gegenüber den anderen Prüfverfahren liegt in der erhöhten Anstrengung des Werkstoffes infolge der zeitlichen Begrenzung der Beanspruchung durch den Schlag. Durch die Anbringung einer Kerbe in der Probe wird die Beanspruchung zusätzlich örtlich verschärft, was sich im gleichen Sinne auswirkt wie die hohe Schlaggeschwindigkeit.

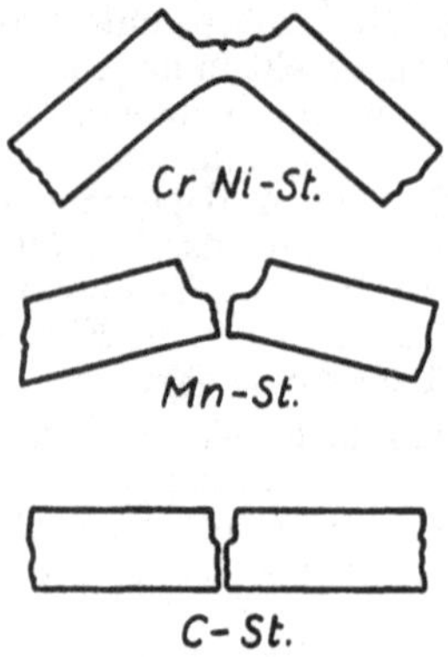

Abb. 15. Unterschiedliche Verformung beim Kerbschlagversuch

Der Kerbschlagversuch ist in seiner Ausführung sehr einfach. Man verwendet Pendelschlagwerke, wie in Abb. 16 skizziert. Die Werkstoffe werden bei diesen Versuchen in einer der Rechnung nicht zugänglichen Weise verformt, so daß sich Ergebnisse nur dann vergleichen lassen, wenn sie an der gleichen Probenform gefunden wurden. Um trotz dieser Schwierigkeiten auf die Vorzüge des Kerbschlagversuchs nicht verzichten zu müssen, wird er für die praktische Anwendung als Vergleichsprüfung ausgeführt, indem sowohl die Bauart der

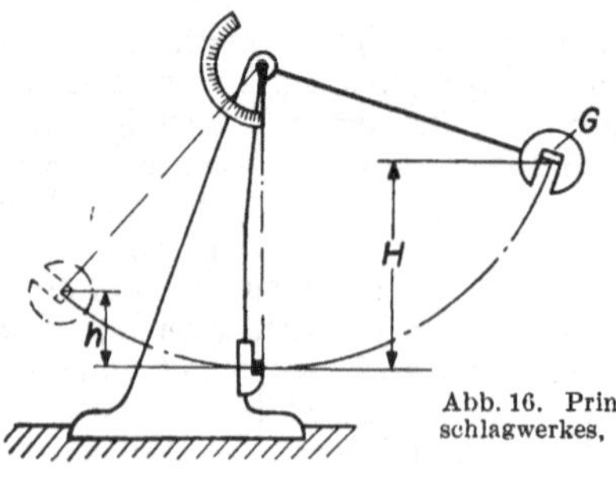

Abb. 16. Prinzip des Pendelschlagwerkes, Bauart Charpy

Pendelschlagwerke als auch die Probenabmessungen und Kerbformen für verschiedene Prüfzwecke festgelegt sind.

Als Meßgröße gilt die *Schlagarbeit*, da weder die Spannung im beanspruchten Querschnitt, noch die Formänderung während des Versuches bestimmt werden kann. Die Schlagarbeit errechnet sich aus dem Gewicht G des Pendelhammers und der zum Durchschlagen der Probe nötigen Fallhöhe. Da die Fallhöhe durch Einklinken des Pendels in seiner obersten Lage festgelegt ist, ergibt sich die tatsächlich gebrauchte Fallhöhe aus der Gesamtfallhöhe H (Abb. 16) minus der Durchpendelhöhe h. Die verbrauchte Schlagarbeit ist dann

$$A = G \cdot (H - h) \text{ mkg}.$$

Sie wird auf den durchschlagenen Querschnitt bezogen und bei der gekerbten Probe als *Kerbschlagzähigkeit* oder Kerbzähigkeit bezeichnet:

$$a_k = \frac{A}{F} = \frac{G(H-h)}{F} \text{ mkg/cm}^2.$$

Die Durchpendelhöhe wird mit Hilfe eines Schleppzeigers auf einer geeichten Skala angezeigt, die bei den meisten Schlagwerken gleich die obige Umrechnung berücksichtigt, so daß man unmittelbar die Schlagarbeit A ablesen kann.

Die Bauart und die Größe der *Pendelschlagwerke* sind nach DIN 51 222 genormt. Meist wird das Schlagwerk nach *Charpy* verwendet, das im Prinzip in Abb. 16 dargestellt ist. Die Probe liegt gegen zwei Widerlager von bestimmtem Abstand an und wird in ihrer Mitte von der Hammerfinne getroffen. Der Abstand der Widerlager ist verstellbar, damit verschiedene Probengrößen geschlagen werden können. Daneben ist noch, besonders in USA, das Schlagwerk nach *Izod* gebräuchlich, bei dem eine einseitig eingespannte, aufrecht stehende Probe an ihrem freien Ende von der zur Schlagfinne ausgebildeten unteren Kante des Pendelhammers geschlagen wird.

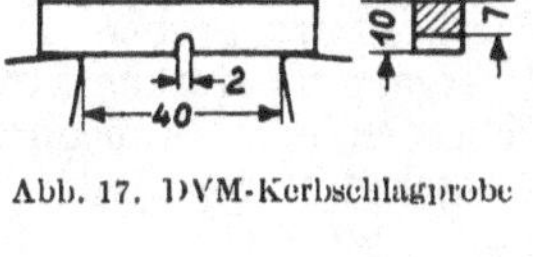

Abb. 17. DVM-Kerbschlagprobe

Abb. 17 zeigt als Beispiel für eine Form der Kerbschlagprobe die in Deutschland am meisten (für Stahl) angewendete sogenannte DVM-Probe (Deutscher Verband für Materialprüfungen in der Technik). Sie findet sich neben einigen anderen gebräuchlichen Probenformen im DIN-Blatt 50 115 (Kerbschlagbiegeversuch an Stahl und Stahlguß). In DIN 50 116 sind die Probenformen für den Schlagbiegeversuch an Zink und Zinklegierungen, in DIN 53 453 für den Schlag- und Kerbschlagbiegeversuch an (harten) Kunststoffen angegeben.

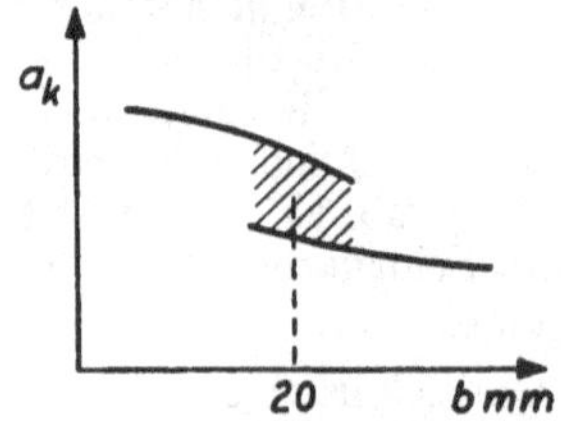

Abb. 18. Einfluß der Probenbreite auf die Kerbzähigkeit

Wie schon erwähnt, sind die mit verschiedenartigen Proben gewonnenen Ergebnisse nicht vergleichbar. Der Einfluß der Probenbreiten auf die gemessene Kerbzähigkeit ist in Abb. 18 angedeutet. Bei Proben unter 20 mm Breite liegt die Kerbzähigkeit wesentlich höher als bei breiteren Proben. Man erklärt das mit einer Fließbehinderung, die etwa bei 20 mm Breite einsetzt, so daß bei

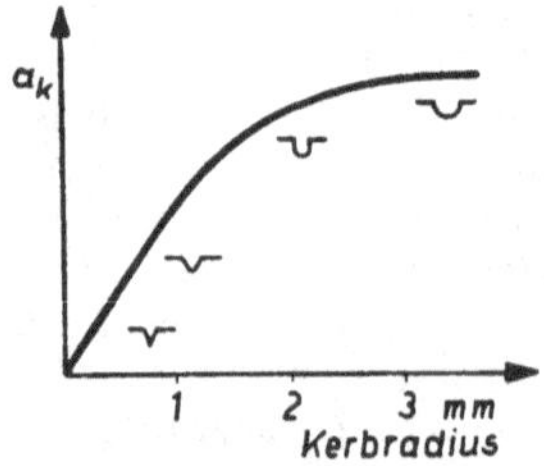

Abb. 19. Einfluß der Kerbform auf die Kerbzähigkeit

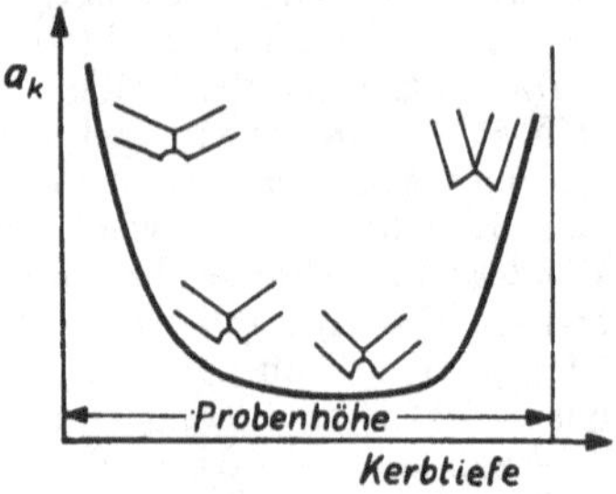

Abb. 20. Einfluß der Kerbtiefe auf die Kerbzähigkeit

den breiteren Proben ein Fließen nicht eintreten kann. Der Übergang ist starken Streuungen unterworfen, weshalb die gebräuchlichen Probenbreiten auf unter oder über 20 mm festgelegt wurden.

Die *Kerbform* ist ebenfalls ausschlaggebend für die gemessene Schlagzähigkeit, und zwar sowohl die Schärfe als auch die Tiefe der Kerbe. Je schärfer die Kerbe, d. h. je kleiner der Ausrundungsradius im Kerbgrund, um so schärfer ist auch die Beanspruchung des Materials, um so geringer also die gemessene Kerbzähigkeit (Abb. 19). Ebenso sinkt die Kerbzähigkeit mit zunehmender Kerbtiefe, allerdings nur bis zu einer gewissen Grenze, nach deren Überschreitung der Kerbschlagversuch keinen Sinn mehr hat. Bei sehr tiefer Kerbe tritt nämlich die sogenannte Lappenwirkung ein, d. h. der Restquerschnitt der Probe biegt sich unter dem Schlag wie ein dünnes Blech auf, so daß ein Durchschlagen nicht möglich ist (Abb. 20).

Bei weichem Stahl wie auch bei anderen Werkstoffen zeigt sich oft ein starker Einfluß der *Versuchstemperatur* auf die Ergebnisse des Kerbschlagversuches, indem die

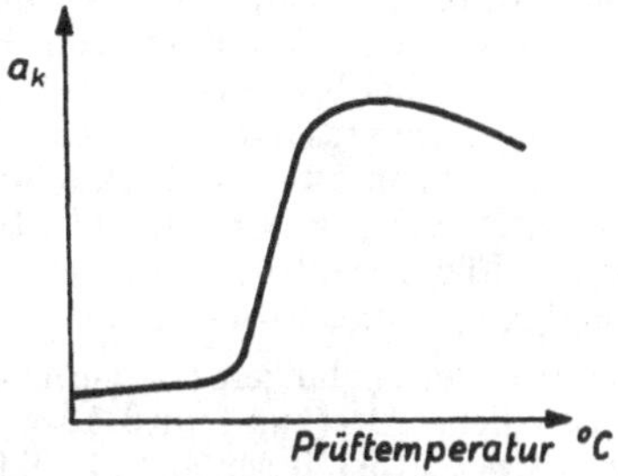

Abb. 21. Steilabfall der Kerbzähigkeit

Zähigkeit bei tiefen Temperaturen sehr plötzlich abnimmt. Es tritt ein sogenannter Steilabfall der Kerbzähigkeit ein, der normalerweise bei Temperaturen um 0° C liegt (Abb. 21). Durch geeignete Erschmelzung, durch Wärmebehandlung oder Legierungszusätze wird der Steilabfall in das Gebiet tieferer Temperaturen verschoben. Diese Erkenntnis hat zur Vermeidung von durch Kaltsprödigkeit verursachten Brüchen an Eisenbahn- und sonstigen Fahrzeugachsen im Winter beigetragen. Bei schlechter Wärmebehandlung (Überhitzung, Rekristallisation, Alterung) verschiebt sich dagegen der Steilabfall in das Gebiet der normalen Temperaturen zwischen etwa 20—60° C.

Der Kerbschlagversuch gibt damit einen recht zuverlässigen indirekten Nachweis für richtige oder falsche *Wärmebehandlung* eines Stahles. Durch zu langes Glühen im Gebiet der Blauwärme (200—400° C) tritt z. B. *Warmsprödigkeit* ein, die einen Abfall der Kerbzähigkeit bewirkt. Grobkörnige *Rekristallisation* ist eine Folge von Glühbehandlung (650 bis 800° C) nach vorangegangener, sogenannter „kritischer" Kaltverformung (zwischen 8—25 %, d. h. über die Streckgrenze hinaus). Mit dem im Gefügebild deutlich erkennbaren Kornwachstum sinkt die Kerbzähigkeit beträchtlich ab.

Die *Alterung* der Stähle wirkt ebenfalls zähigkeitsmindernd und kann daher durch den Kerbschlagversuch nachgewiesen werden. Unter Alterung versteht man eine Versprödung des Materials durch Aufnahme von Sauerstoff und Stickstoff, die besonders bei Kohlenstoffgehalten unter 0,2 % auftritt. Durch Legierungszusätze und gute Desoxydation beim Umschmelzen können alterungsbeständige Stähle hergestellt werden, z. B. die sogenannten JZ-Stähle („immer zäh") von Krupp. Für Kesselwerkstoffe ist ein O_2-Gehalt von weniger als 0,02 % vorgeschrieben.

Die Alterung tritt durch längeres Lagern nach Kaltverformung ein (natürliche Alterung), wird aber durch falsche Wärmebehandlung wesentlich beschleunigt. Glühen zwischen 250 und 300° C nach Kaltverformung ruft sofort den Alterungseffekt hervor (künstliche Alterung). Zahlentafel 4 gibt eine Vorstellung von der Größenordnung der Kerbzähigkeit für Stähle und zeigt zugleich am Beispiel eines Weichstahles (0,05 % C), wie die Kerbzähigkeit stark auf den Wärmebehandlungszustand reagiert, während sich die zügigen Festigkeitswerte und besonders die Bruchdehnung nur wenig verändern. Normalerweise rechnet man für weiche Stähle mit einer Kerbzähigkeit von 15—20 (—30) mkg/cm², für hochfeste Stähle je nach Vergütungszustand mit 15—5 mkg/cm² (DVM-Probe). Für Stahlguß im ungeglühten Zustand ist $a_k = 2$, nach Glühbehandlung etwa 8 mkg/cm².

Zahlentafel 4

Kerbzähigkeit eines Weichstahles mit 0,05% C in Abhängigkeit von der Wärmebehandlung (verglichen mit den Werten des Zugversuches).

Vorbehandlung	σ_S kg/mm²	σ_B kg/mm²	δ_{10} %	a_k $\frac{mkg}{cm^2}$	Bemerkung
Anlieferung (gewalzt)	23	34	34	18	
½ Std. 900°/Luftabkühlung	23	34	35	17,5	
½ Std. 900°/Ofenabkühlung	20	32	39	6,5	
5%gereckt/1 Std. 250°/Ofenabkühlung	35	40	21	3,2	gealtert
10%gereckt/1Std. 800°/Ofenabkühlung	15	33	32	2,9	kritisch rekristallisiert
1 Std. 1300° / Luftabkühlung	16	33	34	3,0	überhitzt

346. Härteprüfungen

Für den Begriff „Härte" ist eine genaue, allgemein befriedigende Definition bisher noch nicht gefunden worden. Der Techniker versteht meist unter Härte eines Werkstoffes den Widerstand, der dem Eindringen eines anderen (härteren) Körpers entgegengesetzt wird.

Wenn der „eindringende Körper" und die Art der Erzeugung des Eindrucks definiert sind, lassen sich auf verhältnismäßig einfache Weise quantitative Messungen der Härte vornehmen. Das Eindringen kann entweder durch eine ruhende Last („statische Härteprüfung") oder durch schlagartige Belastung („dynamische Härteprüfung") bewirkt werden. In beiden Fällen läßt sich die Härte dann aus der Gestalt des

Eindrucks (Tiefe oder Oberflächenausdehnung) bestimmen. Die dynamische Prüfung mit geringer Schlagenergie verwendet dagegen die Rückprallhöhe des Meßkörpers zur Bestimmung der Härte.

Da das einfache Prinzip der Härtemessungen in mannigfacher Weise verwirklicht werden kann, bieten die Härteprüfverfahren eine Reihe von Vorteilen und gehören zu den wichtigsten Methoden der Materialprüfung. Sie sind schnell genau durchzuführen, und man kann mit geeigneten Härteprüfgeräten an große Werkstücke herangehen, ohne besondere Proben heraustrennen zu müssen. Auch auf den stationären Härteprüfern lassen sich meist ganze Werkstücke auflegen, und da die von der Messung hinterlassenen kleinen Eindrücke in den wenigsten Fällen die weitere Verwendung beeinträchtigen, kann die Prüfung als praktisch zerstörungsfrei bezeichnet werden.

Statische Härteprüfverfahren. Die Härteprüfung nach *Brinell*, bei der eine Kugel unter bestimmter Last in den Prüfkörper eingedrückt wird, war bisher das am häufigsten angewandte Verfahren. Als *Brinellhärte* HB wird der Quotient aus Belastung und Eindruckfläche (Kugelkalotte) angegeben.

Nach DIN 50 351 sind die zu verwendenden Kugeldurchmesser mit 10, 5 und 2,5 mm genormt, ebenso sind die Belastungen festgelegt, so daß die Härtewerte nach Ausmessen des Eindruckdurchmessers aus Tabellen entnommen werden können.

Aus der Brinellhärte läßt sich bei Stahl ungefähr die Zugfestigkeit angeben, da eine gesetzmäßige Beziehung zwischen beiden Größen besteht:

$$\sigma_B \approx 0{,}35 \cdot HB.$$

Diese Gesetzmäßigkeit gilt aber nur für Stahl und da nur bis zu einer Härte von etwa 400 kg/mm². Höhere Härtewerte sind ohnehin nach dem Brinellverfahren nicht zu bestimmen, da die Verformung der Stahlkugel dann eine Fälschung der Ergebnisse bringen kann.

Im Gegensatz zur Brinellprüfung arbeitet das Verfahren nach *Rockwell* (DIN 50 103) mit einer Vorlast, die den Einfluß einer nicht ganz sauber bearbeiteten Oberfläche ausschalten soll. Hier wird die Härte aus der Eindrucktiefe bestimmt und kann bei der Prüfung unmittelbar an einer Meßuhr abgelesen werden, ohne daß eine Umrechnung erforderlich ist.

Für harte Werkstoffe wird ein Diamantkegel mit 120° Spitzenwinkel mit einer Vorlast von 10 kg und einer Gesamtlast von 150 kg in das Prüfstück eingedrückt und nach Entlastung auf 10 kg der Unterschied der Eindrucktiefen gemessen. Die Differenz zwischen diesem Meßwert und einem Festbetrag ergibt dann die Rockwellhärte HRc (c = cone = Kegel). Für weiche Werkstoffe verwendet man statt des Diamantkegels eine Stahlkugel von $^1/_{16}$" Durchmesser bei 10 kg Vorlast und 100 kg Gesamtlast und erhält unter sonst gleichen Prüfbedingungen die Rockwellhärte HRb (b = ball = Kugel).

Wegen der raschen Durchführbarkeit und unmittelbaren Ablesung der Härtewerte eignet sich das Rockwellverfahren besonders für laufende Fertigungskontrolle. Allerdings muß immer auf satte Auflage des Prüfstücks geachtet werden, da geringe Schmutzteilchen oder eine Ölschicht zwischen Prüfstück und Unterlage die Ergebnisse fälschen können. Die Prüfstückdicke muß mindestens das Zehnfache der zu erwartenden Eindrucktiefe betragen. Für die Prüfung von dünneren Teilen, z. B. gehärteten Bändern (Rasierklingen), läßt sich das gleiche Verfahren mit kleineren Lasten (15 bis 45 kg bei 3 kg Vorlast) anwenden.

Die *Vickershärteprüfung* (DIN 50 133) ähnelt grundsätzlich dem Brinellverfahren, jedoch dient hier als Eindringkörper eine vierseitige Diamantpyramide mit einem Scheitelwinkel von 136°. Die Vickershärte wird ebenso wie die Brinellhärte angegeben als aufgebrachte Last, bezogen auf die Oberfläche des Eindruckes, die durch Ausmessen der Diagonalen bestimmt wird. Das Vickersverfahren verdrängt heute in Laboratorien und Betrieben immer mehr die Brinellprüfung, da es dieser gegenüber eine Reihe von Vorteilen aufweist.

Im Gegensatz zur Kugel ergibt die Pyramide für verschiedene Eindringtiefen geometrisch ähnliche Eindrücke. Dadurch ist HV unabhängig von der Belastung, so daß das Verfahren für die Metallprüfung universell verwendbar ist. Weiche Werkstoffe und dünne Bleche werden mit Lasten von 0,5—10 kg, mittelharte Werkstoffe mit 20—50 kg und Stähle höherer Härten mit 60—120 kg geprüft. Die Härten von Einsatz- und Nitrierschichten lassen sich ebenfalls mit niedriger Last bestimmen. Die Eindrücke verletzten die Oberfläche nur wenig, so daß die Teile nach der Prüfung in den meisten Fällen wieder verwendet werden können.

Die Messung der Eindruckdiagonalen kann mit dem Meßmikroskop oder mit der Meßlupe vorgenommen werden. Bei einigen Bauarten von Härteprüfern, die wahlweise für Brinell- oder Vickersprüfungen dienen können, wird der Eindruck auf eine Mattscheibe projiziert und kann dort mit einem der Vergrößerung angepaßten Maßstab bequem und rasch ausgemessen werden.

Mit Vickers-Diamanten sind auch die Kleinlast- und Mikrohärteprüfer ausgerüstet, mit denen die Härte nicht nur von dünnsten Schichten und Überzügen, sondern auch von Gefügebestandteilen gemessen werden kann. Der Diamant ist in der Frontlinse eines Mikroskopes eingebaut oder wird gegen diese ausgewechselt.

In gewissen Grenzen ist die Vickershärte zahlenmäßig ungefähr gleich der Brinellhärte, so daß auch hier von der Härte auf die Zugfestigkeit geschlossen werden kann:

$$\sigma_B \approx 0{,}35\, HV \text{ (bis } HV = 400).$$

Ein seltener angewandtes Verfahren der statischen Härteprüfung ist die *Ritzhärte* nach *Martens*. Ein Diamantkegel mit 120° Spitzenwinkel wird unter konstantem Druck über das Prüfstück geführt und danach die Ritzbreite ausgemessen. Die Härte ist dann der Reziprokwert der Ritzbreite oder die Last in g, die eine Ritzbreite von 0,01 mm erzeugt. Für die Prüfung dünnster Schichten und Überzüge ist dieses Verfahren vielfach gut geeignet.

Dynamische Härteprüfverfahren. Die *Schlaghärteprüfer* beruhen auf dem Prinzip des Brinellverfahrens, nur daß die Kugel hier nicht mit kontinuierlicher Last, sondern mit einem kurzen Schlag in das Prüfstück eingedrückt wird. Dies kann z. B. durch ein frei fallendes Gewicht aus bestimmter Höhe, durch eine Schlagfeder oder durch einen Hammerschlag erreicht werden. Die Härte errechnet sich dann in gleicher Weise wie bei der Brinelllprüfung als Quotient aus Kraft und Eindruckoberfläche. Die Kraft ist beim Fallgewicht und bei der Schlagfeder bekannt, beim Hammerschlag wird sie durch Vergleich mit dem gleichzeitig erzeugten Eindruck in einem Stahl bekannter Härte bestimmt. Nach diesem Prinzip arbeitet der *Poldi-Härteprüfer.*

Diese Härteprüfer erfordern keine kostspieligen Konstruktionen und Meßeinrichtungen und bieten außerdem durch ihre Handlichkeit den Vorteil, daß sie an schwere und sperrige Prüfstücke angesetzt werden können, die auf den Auflagetischen der Brinell-, Rockwell- und Vickersapparate nicht unterzubringen sind. Nachteilig ist jedoch die zweifelhafte Genauigkeit der Messung, so daß diese Verfahren mehr oder weniger als Behelf anzusehen sind.

Gleichfalls für schwere und sperrige Werkstücke verwendet man auch die *Rücksprunghärteprüfer*, bei denen ein kleiner Fallhammer oder Pendelhammer mit Diamant- oder Hartmetallspitze aus bestimmter Höhe auf das Prüfstück fällt. Mit Hilfe eines Schleppzeigers wird die Rückprallhöhe gemessen und als Härtewert angegeben. Die Ergebnisse sind mit den Brinell- und Vickerswerten nicht in Beziehung zu bringen und für die verschiedenen Bauarten von Rücksprunghärteprüfern (Shoresches Skleroskop, Duroskop usw.) nicht untereinander vergleichbar.

347. Technologische Prüfungen

Als technologische Prüfungen bezeichnet man einfache, betriebsähnliche Werkstattprüfungen, bei denen das Material einer bestimmten Formänderung unterworfen wird, ohne daß dabei die aufgebrachte Kraft oder Arbeit gemessen werden kann. Es werden lediglich aus dem äußeren Verhalten des Materials Schlüsse auf seine Eignung für bestimmte Zwecke gezogen. Man gewinnt so rasch und ohne besondere

Prüfeinrichtungen einen Anhalt über die Verwendbarkeit des Werkstoffes, bzw. einen Vergleich mehrerer zur Wahl stehender Materialien. Die nachstehend kurz behandelten Prüfungen werden hauptsächlich für Stahl angewandt, obwohl sie sich zum Teil sinngemäß auch auf andere Werkstoffe übertragen lassen. Man unterscheidet dabei Kalt- und Warmprüfungen.

Der *Biege-Faltversuch* wird als Kaltprüfung ausgeführt an streifenförmigen Proben aus Flach- (z. B. Kesselblech) oder Rundmaterial, deren Abmessungen beliebig sind. Ursprünglich wurde sie einfach am Amboß oder Schraubstock durch Umschlagen der Probe vorgenommen. Heute sind für Kesselwerkstoffe und ähnliche die Bedingungen in grobem Maße festgelegt (DIN 1605, Bl. 4). Die Probe wird auf zwei feststehende Rollen aufgelegt, deren Durchmesser

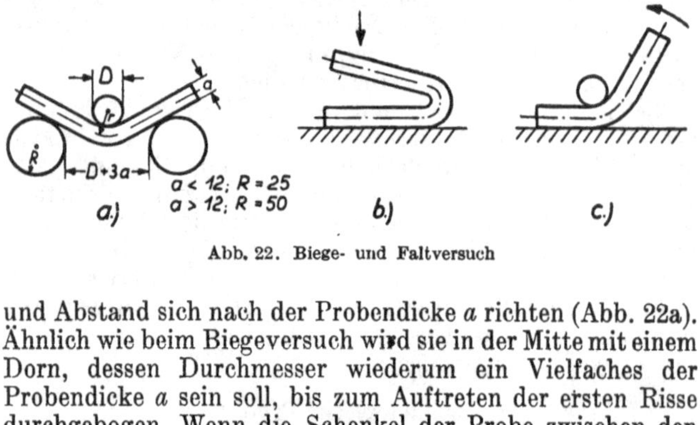

Abb. 22. Biege- und Faltversuch

und Abstand sich nach der Probendicke *a* richten (Abb. 22a). Ähnlich wie beim Biegeversuch wird sie in der Mitte mit einem Dorn, dessen Durchmesser wiederum ein Vielfaches der Probendicke *a* sein soll, bis zum Auftreten der ersten Risse durchgebogen. Wenn die Schenkel der Probe zwischen den beiden Rollen hindurchrutschen, ohne daß Risse beobachtet werden, so werden sie ohne Dorn unter Druck noch weiter ausgebogen (gefaltet), vgl. Abb. 22b. Der ganze Versuch kann auch ohne Auflagerrollen nach Abb. 22c ausgeführt werden, wenn keine geeignete Einrichtung vorhanden ist.

Zu den Warmprüfungen, die hauptsächlich an Schmiedeeisen ausgeführt werden, gehört z. B. der *Warmbiege-Versuch.*

Er wird ebenso wie der Kaltbiegeversuch, aber bei Dunkelrotglut von etwa 600° C vorgenommen. Bei dieser Temperatur ist das Eisen besonders empfindlich und neigt, z. B. bei zu hohem Schwefel- oder Phosphorgehalt, zum sogenannten „Rotbruch".

Besondere Prüfungen für *Drähte* und *Bleche*: als eine Verschärfung des Faltversuches wird der *Hin-* und *Herbiegeversuch* für dünne Bleche und Drähte (DIN 51 211) angewandt, die beim Falten keine Risse oder Brüche ergeben dürfen. Die Probe wird zwischen Klemmbacken eingespannt und nach beiden Seiten um 90° um einen Rundungsradius gebogen, der sich nach der Probendicke richtet. Die Zahl der Hin- und Herbiegungen bis zum Bruch gilt als Gütewert für das Material.

Für Drähte sind weiterhin noch der *Verwindeversuch* nach DIN 51 212 und die *Wickelprüfung* gebräuchlich. Der Draht wird mit einer freien Länge vom 100fachen seines Durchmessers in Spannzangen eingespannt und unter leichtem Zug der die Schlingenbildung verhindern soll, in einer Richtung verwunden. Maßgebend ist die Zahl der Verwindungen bis zum Bruch. Bei der Wickelprüfung werden acht Windungen auf einen Dorn, dessen Durchmesser ein Vielfaches der Drahtstärke ist, zu einer Art Schraubenfeder aufgewickelt. Dann wird der Draht wieder gestreckt und der Vorgang wiederholt, bis der Bruch eintritt.

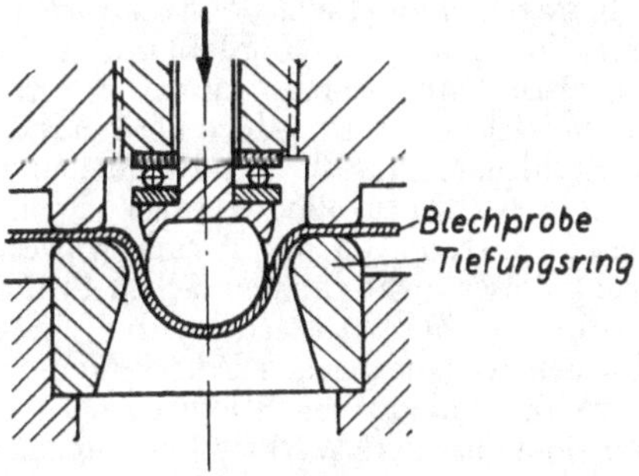

Abb. 23. Tiefziehversuch nach Erichsen

Bleche müssen vielfach nicht nur für Biegung in einer Ebene, sondern für allseitige Verformung beim sogenannten Tiefziehen geeignet sein. Diese Beanspruchung kann durch den Zugversuch nicht erfaßt werden, so daß die Messung der Bruchdehnung keinen Aufschluß über die Tiefziehbarkeit der Bleche gibt. Deshalb wird an solchen Blechen der *Tiefziehversuch* nach Erichsen (DIN 50 101) ausgeführt, der zwar eine technologische Prüfung darstellt, aber doch eine besondere Apparatur erfordert (Abb. 23), weil die Belastung nicht stoßweise, also z. B. durch Hammerschläge, sondern zügig aufgebracht werden muß. Die Blechprobe wird mit einer Kugel in einen sogenannten Ziehring hineingedrückt und die Tiefung beim Auftreten der ersten Risse an der Kuppe des entstehenden „Näpfchens" gemessen.

Rohre: Zur Beurteilung der Verformbarkeit von Rohren wird der *Rohrfaltversuch* nach DIN 50 136 entweder im Anlieferungszustand oder als verschärfte Prüfung nach Abschrecken von 650° C vorgenommen. Ein Rohrabschnitt mit einer Höhe etwa gleich dem äußeren Durchmesser muß sich ohne Rißbildung so weit zusammendrücken (falten) lassen, daß der lichte Abstand der Wandungen nicht mehr als die zweifache Wandstärke beträgt. Der *Aufweitversuch* nach DIN 50 135 verlangt die rißfreie Aufweitung durch einen eingetriebenen Dorn, die bei Rohrwandstärken unter 4 mm mindestens 10%, bei dickeren Rohren 6% des Innendurchmessers betragen muß. Beim *Bördelversuch* muß der Rand sich durch Eintreiben eines Bördeldornes aufbördeln lassen, ohne daß Risse am Umfang entstehen. Aus Sicherheitsgründen am wichtigsten ist jedoch der *Innendruckversuch* an Rohren. Stahlrohre müssen den zweifachen Betriebsdruck, mindestens aber 50 atü ohne Verformung und Rißbildung aushalten. In DIN 50 105 sind genaue Anweisungen für die Ausführung dieser nicht ganz einfachen Prüfung gegeben.

Beurteilung der Zusammensetzung und Vorbehandlung von Stahl: Zu den technologischen Prüfverfahren wäre auch die qualitative Beurteilung von Stählen nach der *Funkenprobe* und von metallischen Werkstoffen allgemein nach dem *Bruchaussehen* zu rechnen. Aus dem Funkenbild, das beim

Schleifen von Stählen entsteht, läßt sich das Vorhandensein bestimmter Legierungsbestandteile erkennen. Man verwendet hierzu zweckmäßig immer den gleichen Schleifstein von bestimmter Körnung und führt die Prüfung im abgedunkelten Raum aus. In manchen Betrieben findet man eine zu diesem Zweck eingerichtete Kabine mit Schleifstein und einer Samm-

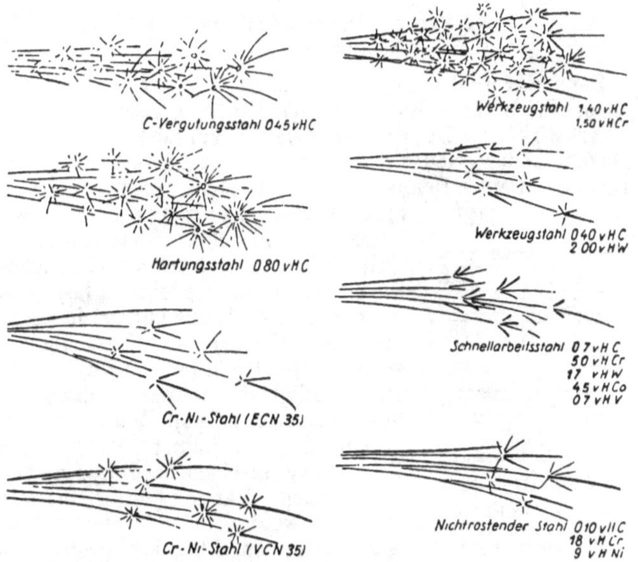

Abb. 24. Funkenbilder

lung von Vergleichsproben bekannter Zusammensetzung. Abb. 24 gibt einige charakteristische Funkenbilder wieder, für die allerdings der Unterschied in Farbe und Helligkeit hier nicht dargestellt werden kann. Die Prüfung erfordert ebenso wie die Beurteilung der Zusammensetzung und Vorbehandlung nach dem Bruchaussehen viel Erfahrung und Vergleichsmöglichkeiten.

Zu den Prüfverfahren, die ähnlich wie die Funkenprobe eine qualitative Identifizierung von Werkstoffen ermöglichen, gehören auch die (chemischen) *Tüpfelproben* sowie die spektroskopischen Untersuchungen und die induktiven sogenannten „Verwechslungsprüfungen". Sie werden später im Abschnitt „Zerstörungsfreie Prüfverfahren" noch erwähnt.

35. Kerbwirkung, insbesondere bei zügiger Beanspruchung

Beim Kerbschlagversuch wurde zur Verschärfung der Beanspruchung eine Kerbe in der Probe angebracht. Diese „Kerbwirkung" ist ein verwickelter Vorgang, der im folgenden näher erläutert werden soll. Zunächst hat sie ihre Ursache in einer Behinderung des Kraftflusses in der Probe, in einer Zusammendrängung der Kraftlinien, die man sich am besten an einem „Flüssigkeitsmodell" veranschaulichen kann. Die Strömung einer Flüssigkeit in einer glatten Rinne entspricht ungefähr dem Verlauf der Kraftlinien in einem glatten Probestab, die Strömungsgeschwindigkeit entspräche dann der Spannung (Abb. 25a). Wird nun die gleichmäßige Strömung gestört durch Umlenkung an einem in die Rinne hineinragenden „Damm", so erhöht sich die Geschwindigkeit, wie man das an jeder Mole im Flußbett beobachten kann. Ebenso wird auch der Kraftfluß durch eine Kerbe im Probestab gestört, die Kraftlinien werden zusammengedrängt (Abb. 25b), was einer Erhöhung der Spannung an dieser Stelle entspricht.

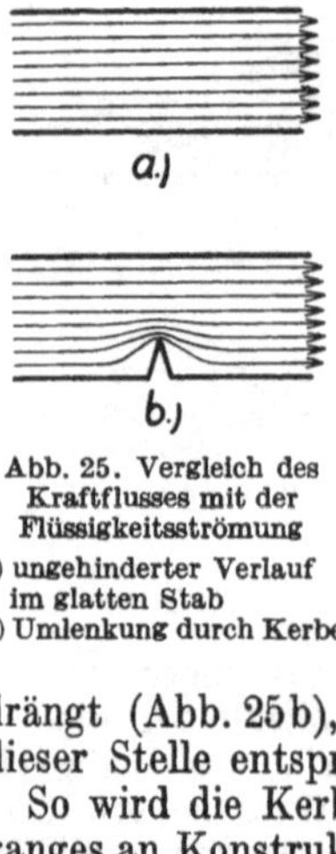

Abb. 25. Vergleich des Kraftflusses mit der Flüssigkeitsströmung
a) ungehinderter Verlauf im glatten Stab
b) Umlenkung durch Kerbe

So wird die Kerbe zum Sinnbild jedes Querschnittsüberganges an Konstruktionsteilen, bei dem eine Umlenkung und damit eine Zusammendrängung der Kraftlinien stattfindet und infolgedessen eine Erhöhung der Spannung, eine „Spannungsspitze" auftritt. Da Querschnittsveränderungen immer vorhanden sind — Abb. 26 zeigt einige Beispiele dafür —, ist die Kenntnis der Kerbwirkung sehr wichtig, denn die Ver-

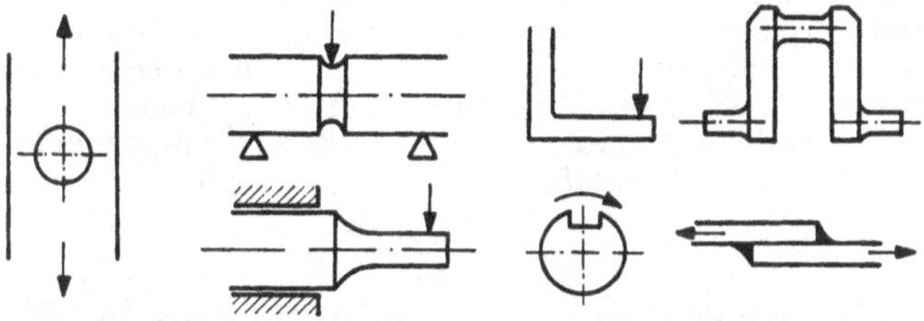

Abb. 26. Beispiele für Kerbwirkung an Bauteilen

hältnisse am glatten Probestab, wie sie etwa beim einfachen Zugversuch vorliegen, werden dadurch erheblich verändert. Neben den konstruktiv bedingten Querschnittsveränderungen wirken sich auch Fehlstellen im Material, z. B. Lunker, Seigerungsstellen, Schlackeneinschlüsse, aber auch feine

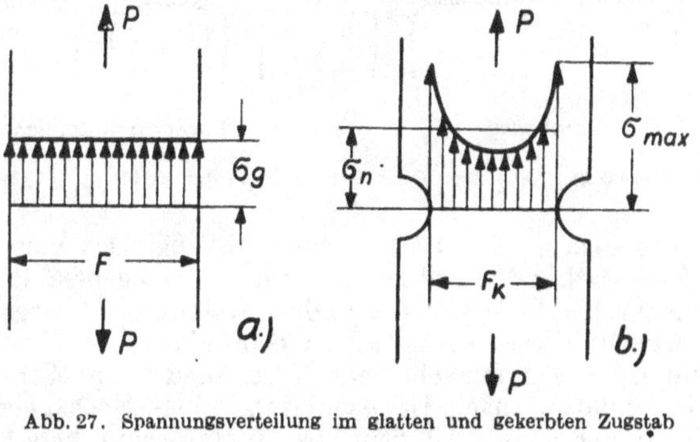

Abb. 27. Spannungsverteilung im glatten und gekerbten Zugstab

Härterisse und sogar Oberflächenverletzungen, wie Schleifriefen und dergleichen, als Kerben aus.

Am glatten Zerreißstab konnte die Spannung $\sigma_g = P/F$ nach Abb. 27 dargestellt werden. Dementsprechend würde man die Spannung am gekerbten Stab zunächst als P/F_k (F_k = Kerbquerschnitt) annehmen. Tatsächlich ist aber die Spannung nicht gleichmäßig über den Kerbquerschnitt verteilt, sondern hat den in Abb. 27b dargestellten Verlauf. Die Höhe der Spannungsspitze richtet sich nach dem Grade der Kraftlinienumlenkung, also nach der Form der Kerbe. Man bezeichnet daher das Verhältnis der Höchstspannung σ_{max} zu der für den Kerbquerschnitt errechneten „Nennspannung" $\sigma_n = P/F_k$ als *Formzahl*

$$\alpha_k = \frac{\sigma_{max}}{\sigma_n}.$$

Die Formzahl α_k ist also nicht nur abhängig von der Tiefe der Kerbe, sondern auch von der Größe der Ausrundung,

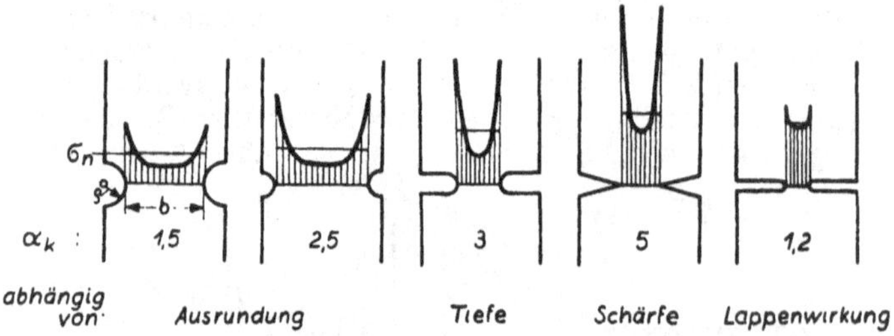

Abb. 28. Abhängigkeit der Formzahl von der Kerbform

d. h. der Schärfe der Kerbe. Diese Abhängigkeit von der *Kerbform* wird in Abb. 28 veranschaulicht. Maßgebend dabei ist das Verhältnis ϱ/b = Kerbradius/Stabbreite im engsten Querschnitt. Dieses Verhältnis ist beim glatten Stab gleich ∞ und nähert sich mit sehr tiefer Kerbe wieder dem Wert ∞. Somit nimmt α_k nach Überschreitung eines Höchstwertes wieder ab und nähert sich dem Wert 1. Man nennt diese Umkehrung des Verhältnisses Lappenwirkung (vergl. Kerbschlagversuch).

Ferner wird α_k durch die *Querschnittsform* beeinflußt, die Werte liegen z. B. beim Flachstab höher als beim Rundstab, wie aus Abb. 29 für den Fall der Zugbeanspruchung und der Hochkantbiegung hervorgeht. Dieses Bild zeigt zugleich die Verschiedenheit der Spannungsüberhöhung bei unterschiedlichen *Beanspruchungsarten*. α_k ist bei Zugbeanspruchung größer als bei Biegebeanspruchung und bei dieser wieder größer als bei Verdrehung.

Belastet man einen solchen Kerbstab auf Zug, so beginnt zwar der Werkstoff im Kerbgrund zu fließen, sobald die

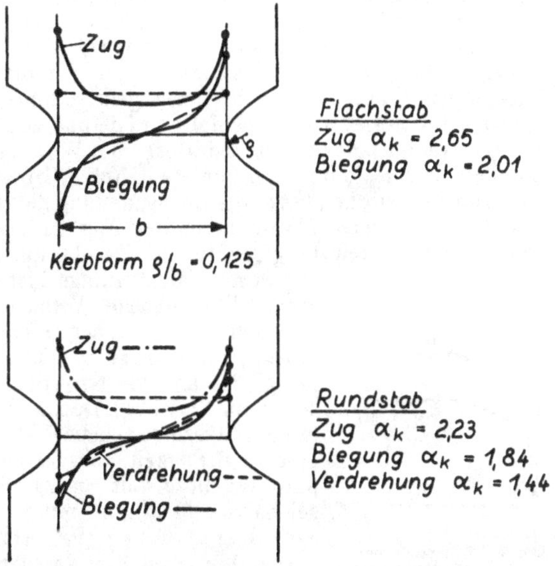

Abb. 29. Vergleich der Formzahlen bei verschiedenen Querschnittsformen und verschiedenen Beanspruchungsarten

Spannungsspitze die Fließgrenze erreicht hat. Der ganze Stab verlängert sich dabei aber noch nicht plastisch, so daß auch von der Prüfmaschine noch kein Fließen angezeigt wird, weil nur das kleine Gebiet am Kerbgrund plastisch nachgibt, der übrige, weit überwiegende Teil des Stabvolumens sich dagegen nur elastisch verformt. Der ganze Stab kommt erst dann zum Fließen, wenn die Nennspannung die Fließgrenze erreicht. Meist muß aber die Belastung noch weiter gesteigert werden, bevor Fließen einsetzt, weil die Form des Kerbstabes für das Fließen ungünstig ist. Ein Kerbstab hat also infolgedessen eine scheinbar höhere Fließgrenze als ein glatter Stab gleichen Querschnittes.

Noch stärker als das Fließen ist der Einschnürvorgang im Kerbstab behindert, so daß auch die Höchstlast eines gekerbten Stabes höher liegt als die des glatten Vergleichsstabes. Ein glatter Zugstab aus Gußeisen (spröder Werkstoff) möge die Zugfestigkeit 15 kg/mm² haben, der Bruch ist verformungslos („spröder Bruch"). Der gekerbte Stab aus dem gleichen Material bricht ebenfalls spröde und zeigt eine etwas geringere Zugfestigkeit. Dies ist die Wirkung der Spannungsspitze σ_{max} im Kerbgrund (vgl. Abb. 27b), die den Bruch schon herbeiführt, bevor die Nennspannung die Bruchfestigkeit des glatten Stabes erreicht hat. Der Unterschied zwischen der Festigkeit des gekerbten und der des ungekerbten Stabes ist allerdings hier nicht groß. Der gleiche Versuch mit weichem Stahl (zäher Werkstoff) führt beispielsweise zu einer Zugfestigkeit am glatten Stab von 40 kg/mm² bei 30% Dehnung. Der mit Rundkerb versehene Stab ergibt eine Zugfestigkeit von 52 kg/mm² und der Stab mit Spitzkerb eine solche von 60 kg/mm² mit jedesmal geringerer Dehnung (vgl. Abb. 30).

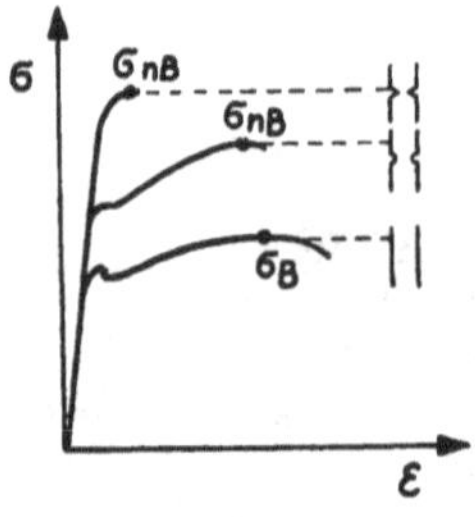

Abb. 30. Steigerung der Festigkeit durch Kerbwirkung

Der Wert solcher Versuche an gekerbten Proben besteht nicht zum geringsten Teil darin, daß gekerbte Stäbe stärker zum spröden Trennungsbruch neigen als glatte Stäbe und dadurch die Versprödungsneigung eines Werkstoffes auf diese Weise kontrolliert werden kann. Ein Werkstoff bricht nämlich nicht unter allen Umständen immer mit dem gleichen Bruchaussehen, sondern es kann auch ein im normalen Zugversuch zäher Werkstoff unter ungünstigen Bedingungen (Kerbwirkung, Kälte, Schlagbeanspruchung) sich völlig spröde verhalten.

Aus der erhöhten Tragfähigkeit gekerbter Stäbe darf man nicht folgern, daß solche Kerben in Konstruktionen gefahrlos oder gar mit Vorteil anzuwenden sind. Sie führen nicht nur unter Umständen zu spröden Brüchen, sondern sie vermögen

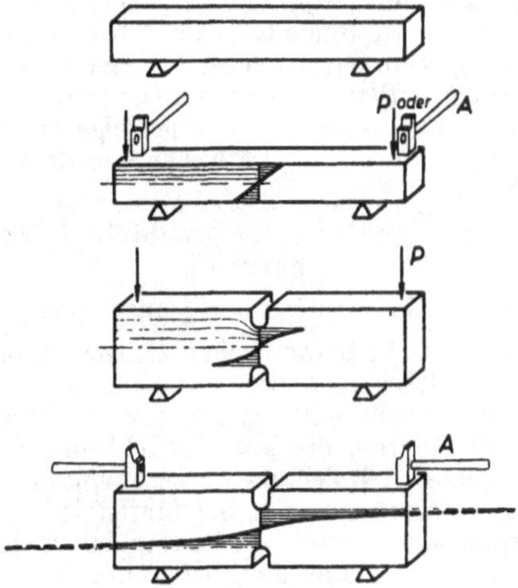

Abb. 31. Kerbwirkung bei zügiger und schlagartiger Biegung

auch Schlagbeanspruchungen nur sehr geringen Widerstand zu leisten, wie die erwähnten Kerbschlagversuche bereits gezeigt haben. Die Höhe der Beanspruchung in einem durch Schlag belasteten Bauteil richtet sich danach, wie stark das Bauteil dem Schlag federnd nachgeben kann. So ist z. B. ein gekerbter Stab gegenüber einem glatten Stab gleichen kleinsten Querschnittes sehr viel steifer, weil er auf dem größten Teil seiner Länge dicker ist. Die Schlagenergie wird deshalb in ihm mit kleinem Verformungsweg und großer

Kraft, im glatten Stab dagegen mit großem Verformungsweg und kleiner Kraft aufgenommen. Abb. 31 erläutert dies am Beispiel eines zweifach aufgelagerten Biegestabes. Der unbelastete Stab ist spannungsfrei, wenn man von seinem Eigengewicht absieht. Wird er zügig (durch die Kraft *P*) oder schlagartig (durch die Schlagarbeit *A*) auf Biegung beansprucht, so entsteht die darunter dargestellte Spannungsverteilung. Ein gekerbter Stab (der Kerbquerschnitt ist gleich dem Querschnitt des glatten Stabes angenommen) hat die aus Abb. 29 bekannte Spannungsspitze bei zügiger Biegung (*P*). Bei Schlagbiegung (*A*) wächst die Spannungsspitze auf den etwa 25fachen Betrag an, so daß sie in der Darstellung hier nur angedeutet werden kann. Die Folge dieser plötzlich auftretenden Beanspruchung ist der spröde Bruch im Kerbquerschnitt.

36. Werkstoffverhalten bei schwingender Beanspruchung

361. Gewaltbruch und Dauerbruch

Die in Abschnitt 34 besprochenen zügigen Beanspruchungen, bei denen die Verformung in einem Zuge ohne Richtungswechsel vor sich geht, treten z. B. in Tragkonstruktionen auf, in Rohren, die unter gleichbleibendem Innendruck stehen, oder in Teilen, die durch Fliehkräfte lange Zeit gleichmäßig beansprucht sind. Sie führen jedoch im praktischen Betrieb normalerweise nicht zum Bruch, ja sie sollen in der Regel nicht einmal die Fließgrenze des Werkstoffes überschreiten. Geschieht dies aber doch und tritt ein Bruch durch zügige Beanspruchung ein, so ist er meist die Folge einer unvorhergesehenen Überschreitung der zugelassenen Höchstbeanspruchung, also eines Unfalles oder dergleichen. Ein solcher „Gewaltbruch" entspricht dann den bei den zügigen Festigkeitsversuchen erzeugten Brüchen. Er ist also — ausgenommen sehr spröde Werkstoffe oder sehr starke Kerbwirkung — ein Verformungsbruch. Vielfach läßt sich durch die vorangehende Verformung ein bevorstehender Bruch noch rechtzeitig erkennen, wenn das Ansteigen der Belastung nicht zu plötzlich vor sich geht.

Die meisten (etwa 90%) Betriebsbrüche sind jedoch keine Gewaltbrüche, sondern sogenannte Ermüdungs- oder *Dauerbrüche*, bei denen die Belastung unterhalb der Fließgrenze bleibt, aber eine Vielzahl von immer wiederkehrenden kleinen Belastungen den Zusammenhalt der Werkstoffteilchen zerrüttet und so schließlich durch „Ermüdung" den Bruch herbeiführt. Der Dauerbruch ist daher immer, auch bei zähesten Werkstoffen, ein verformungsloser Bruch, da jede durch eine Belastung entstandene Verformung mit der darauffolgenden entgegengesetzt gerichteten Belastung wieder rückgängig gemacht wird.

Der Dauerbruch geht von einer Fehlstelle aus, die z. B. als Gasblase oder sonstige Verunreinigung in jedem Werkstoff unvermeidlich vorhanden ist. Von dort breitet er sich zunächst kreisförmig aus, wobei sich Ruhepausen (Unterbrechungen des Belastungsrhythmus) als eine jahresringähnliche Zeichnung im späteren Bruchbild markieren, die sogenannten Rastlinien. Schließlich ist der noch tragende Querschnitt so klein geworden, daß die Spannung die zügige Festigkeit überschreitet und der „Restbruch" als Gewaltbruch mit Verformung erfolgt. Diese Aufteilung der Bruchfläche in den deutlich unterscheidbaren Dauerbruch und Restbruch läßt mit Sicherheit erkennen, daß eine Schwingungsbeanspruchung den Bruch verschuldet hat, ein für den Konstrukteur nicht hoch genug zu schätzender Hinweis.

Die immer wiederkehrenden geringen Beanspruchungen verursachen sehr kleine plastische Verformungen, d. h. Gleitungen im Werkstoff, die durch Schubspannungen ausgelöst werden, während die Normalspannungen den Anriß bewirken. Der Anriß erfolgt deshalb senkrecht zur Richtung der Hauptnormalspannung, die Zerrüttung geht dagegen unter 45° dazu in den Schubspannungsebenen vor sich. Der *Dauerbruchweg* ergibt sich deshalb bei *Biegung* aus der treppenförmigen Aneinanderreihung vieler kleiner Brüche in Schubspannungsrichtung, so daß im großen gesehen ein Trennungsbruch senkrecht zur Hauptspannungsrichtung, also zur Achse entsteht (Abb. 32). Für *Verdrehung* gilt grundsätzlich die gleiche Erklärung; nachdem aber hier die Schubspannungsebenen in Richtung der Achse und senkrecht dazu verlaufen, die Normalspannungen unter 45° dazu, ist der Dauerbruch im ganzen als Trennungsbruch unter 45° zur Achse zu er-

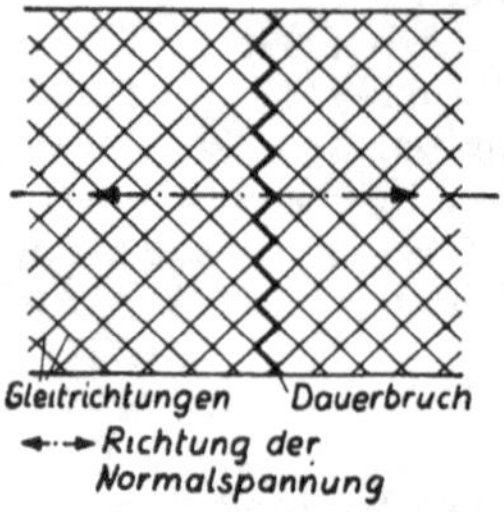

Abb. 32. Weg des Dauerbruches bei Biegebeanspruchung

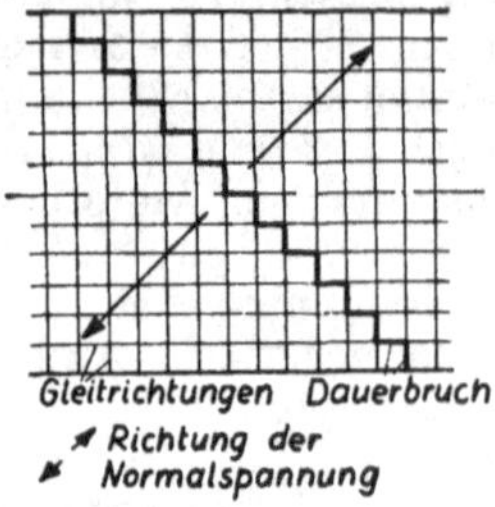

Abb. 33. Häufiger Weg des Dauerbruches bei Verdrehbeanspruchung (nicht immer zutreffend)

warten (Abb. 33). Mit Sicherheit trifft dies aber nur für spröde Werkstoffe zu. An zähen Werkstoffen treten häufig bei hohen Überlastungen auch Schiebungsbrüche auf, die

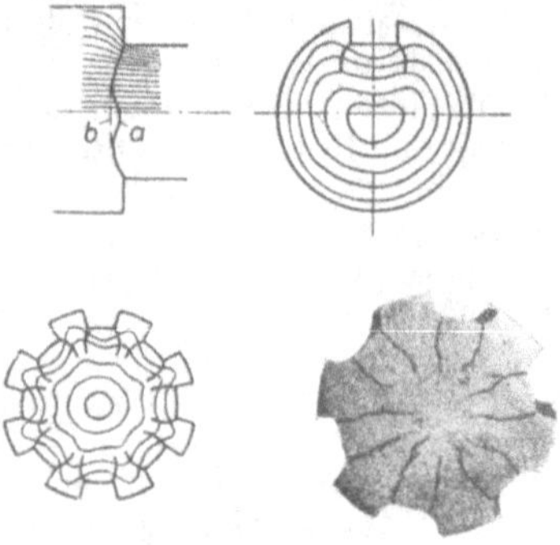

Abb. 34. Beispiele für den Dauerbruchverlauf an Bauteilen

senkrecht zur Achse liegen. Dies ist darin begründet, daß bei Verdrehbeanspruchung die Schubspannungen die gleiche Größe haben wie die Hauptnormalspannungen, so daß die kleinen Einzelbrüche je nach der Form der Beanspruchung auch senkrecht zu den Gleitebenen liegen können. Der Bruch verläuft dann quer oder längs zur Achse oder auch treppenförmig den Schleifriefen oder der Werkstoffaser folgend. Grundsätzlich läßt sich sagen, daß der Dauerbruch an der engsten Kraftlinienzusammendrängung senkrecht zum Kraftfluß vorschreitet, wie in Abb. 34 an einigen Beispielen angedeutet ist.

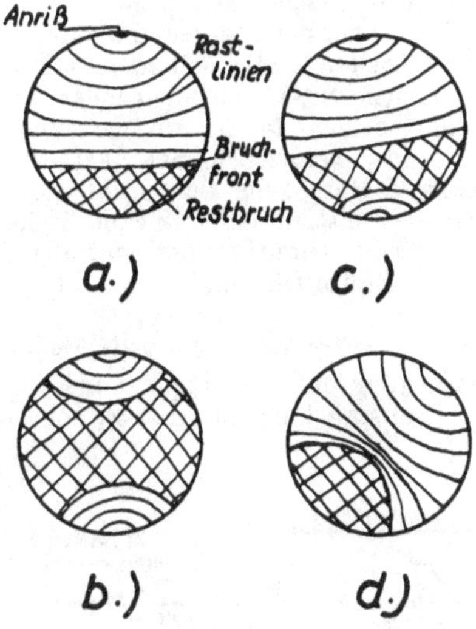

Abb. 35. Dauerbruchbilder
a) einseitige Biegung
b) zweiseitige Biegung
c) zweiseitige Biegung mit schwacher Überlastung
d) Umlaufbiegung

Das *Aussehen* der *Dauerbruchfläche* sei in Abb. 35 veranschaulicht und am Beispiel einseitiger *Flachbiegung* (Schwellbeanspruchung, vgl. Abschn. 364) zunächst noch einmal erläutert. Als Anriß sei hier eine Oberflächenverletzung angenommen, von der aus sich der Bruch immer weiter vorschiebt, die Rastlinien weiten sich immer mehr auf bis zur neutralen Faser und verlaufen dann geradlinig, bis der Restbruch erfolgt (*a*). Die letzte Rastlinie, die Trennungslinie zwischen der samtartig glatten Dauerbruch- und der zerklüfteten Restbruchfläche wird Bruchfront genannt. Bei zweiseitiger Biegung wird die neutrale Faser normalerweise nicht erreicht, da der Dauerbruch von beiden Seiten her gleichmäßig vorstößt (*b*); liegt dagegen nur eine schwache Überlastung vor, so kann sich die Dauerbruchfläche auf der einen Seite stärker ausbilden als auf der anderen und (wie bei *a*) die neutrale Faser überschreiten (*c*). Bei *umlaufender Biegung* (Wellen und Achsen, die sich unter gleichbleibender Belastung drehen, so daß die einzelnen Randfasern nacheinander belastet und entlastet sind), werden die Schenkel der Bruchfront beim jedesmaligen Durchgang durch die Zugzone stärker aufgerissen als die weiter innen gelegenen Teile, so daß die Bruchfront nach Überschreitung der neutralen Zone weiter umbiegt und den Restbruch umklammert (*d*).

362. Dauerfestigkeit und Zeitfestigkeit

Zur Verdeutlichung sind die Vorgänge bei zügiger und bei schwingender Beanspruchung in Abb. 36 noch einmal grob

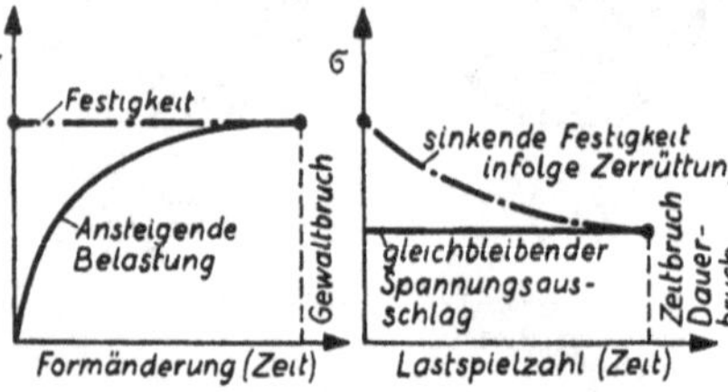

Abb. 36. Vergleich zwischen zügiger und schwingender Beanspruchung

schematisch gegenübergestellt. Bei rein zügiger Beanspruchung wird die gleichbleibende Festigkeit des Werkstoffes von der stetig ansteigenden Belastung erreicht und im Gewaltbruch überwunden. In der Darstellung ist die Formänderung gleich der (für diesen Vorgang nötigen) Zeit gesetzt, so daß das Schaubild dem Zerreißdiagramm entspricht. Bei schwingender Beanspruchung ist der Vorgang umgekehrt: die mit der Zeit immer wiederkehrende Belastung bleibt in ihrer Höhe konstant und die Festigkeit sinkt infolge der Zerrüttung langsam auf die Größe dieses Spannungsausschlages ab. Die hierzu benötigte Zeit entspricht der bis zum Bruch erfolgten Zahl der Lastspiele.

Diese Kurve der absinkenden Werkstoffestigkeit strebt bei Stahl und einigen Nichteisenmetallen einem gewissen unteren Grenzwert zu, den man als Dauerschwingfestigkeit oder kurz als *Dauerfestigkeit* bezeichnet. Er ist für Stahl nach etwa 10 Millionen Lastspielen erreicht. Bleibt der Spannungsausschlag unterhalb dieses Wertes, so wird die Belastung „dauerfest" ertragen, und es tritt auch nach beliebig langer Zeit kein Ermüdungsbruch ein. Bei allen übrigen Werkstoffen sinkt die Festigkeit mit wachsender Lastspielzahl immer weiter ab, d. h. eine eigentliche Dauerfestigkeit gibt es nicht und auch nach beliebig langer Zeit können noch Brüche auftreten.

Übersteigt der Spannungsausschlag dagegen den Wert der Dauerfestigkeit, so hängt die Zeit bis zum Bruch von der Höhe dieser Überschreitung ab. Der Werkstoff hält einer solchen Belastung also nicht auf die Dauer, sondern nur eine gewisse Zeit stand. Man spricht daher von *Zeitfestigkeit* als der Beanspruchung, die während einer bestimmten Zahl von Lastspielen gerade noch ertragen wird. Mit fortschreitender Entwicklung des Leichtbaues ist man dazu übergegangen, Konstruktionsteile von vornherein nur für eine beschränkte Lebensdauer bzw. für eine vorgegebene Betriebszeit zu bemessen, nach der sie dann ausgewechselt werden müssen. Man konstruiert also auf Zeitfestigkeit, damit die Teile nicht zu schwer werden, und ist sich darüber klar, daß nach Überschreitung der zugrundegelegten Zeit ein Ermüdungsbruch („Zeitbruch") eintreten muß. In diesem Sinn sind alle Dauerbrüche Zeitbrüche, jedoch hat es sich so eingeführt, von Dauerbrüchen zu sprechen, wenn die Dauerfestigkeit nur wenig überschritten ist. Als Zeitbrüche bezeichnet man dagegen die Brüche, die nach einer verhältnismäßig geringen

Zahl von Lastspielen (bis zur Größenordnung von etwa 10^5) auftreten; sie umfassen das Gebiet zwischen Gewaltbruch und Dauerbruch (Abb. 37).

363. Die Ermittlung der Dauerfestigkeit

Zur Bestimmung der Dauerfestigkeit werden glatte Probestäbe mit feinpolierter Oberfläche auf einer Dauerprüfmaschine einer schwingenden Beanspruchung unterworfen. Die Änderung der Belastung mit der Zeit (Belastungsausschlag) folgt dabei meist einer Sinuskurve, da dies prüftechnisch am einfachsten darzustellen ist und auch sehr viele umlaufende Teile im praktischen Betrieb eine derartige Beanspruchung erfahren. Mit mehreren gleichartigen Probestäben fährt man nun gewissermaßen die Zeitfestigkeitslinie nach Abb. 37 ab: man belastet zunächst einen Probestab mit

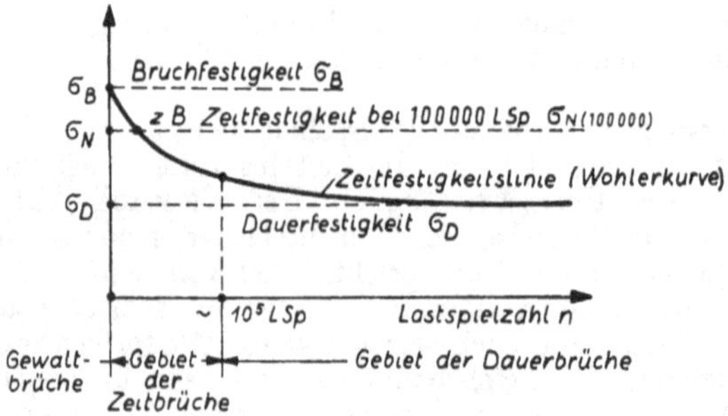

Abb. 37. Dauerfestigkeit und Zeitfestigkeit

einem bestimmten (verhältnismäßig hohen) Spannungsausschlag und bestimmt die bis zum Eintreten des Bruches ertragene Lastspielzahl. Beim zweiten Probestab wählt man den Spannungsausschlag etwas kleiner, er wird dann bei einer höheren Zahl von Lastspielen brechen. So prüft man einige weitere Stäbe mit jeweils geringerem Spannungsausschlag, bis schließlich bei einer bestimmten Belastung auch nach einer praktisch noch vertretbaren Zahl von Lastspielen kein Bruch mehr eintritt. Für Stahl kann man erfahrungsgemäß annehmen, daß nach einer „Grenzlastspielzahl" von $10 \cdot 10^6$ keine Bruchgefahr mehr besteht, wenn die Probe bis dahin gehalten hat.

Trägt man für jeden Stab den aufgebrachten Spannungsausschlag über der Bruchlastspielzahl auf (Abb. 38), so erhält man einzelne Werte der schon bekannten Zeitfestigkeitslinie, die sogenannte Wöhlerkurve. Ihr Auslauf nach rechts gibt die Größe der Dauerfestigkeit an.

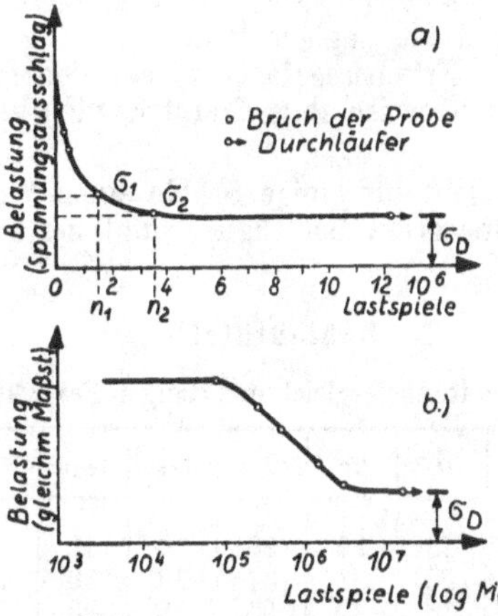

Abb. 38. Bestimmung der Dauerfestigkeit aus der Wöhlerkurve
a) Aufnahme der Wöhlerkurve im gleichmäßigen Maßstab
b) Wöhlerkurve im halblogarithmischen Maßstab

Für jeden Probestab wird also ein bestimmter Wert der Zeitfestigkeit ermittelt, und man tastet sich auf diese Weise an den Wert der Dauerfestigkeit heran. Ein Probestab, der die Grenzlastspielzahl erreicht hat, ohne zu brechen, ein sogenannter Durchläufer, kann nicht mehr zur Bestimmung eines anderen Punktes der Wöhlerkurve verwendet werden. Durch die ständigen Gleitungen im Werkstoffgefüge, deren Größe zu einer Schädigung (Bruch) noch nicht ausreicht, ist nämlich der Werkstoff „hochtrainiert" (Vorgang der Gleitverfestigung), so daß der jetzt gefundene Zeitfestigkeitswert höher liegt, als bei einem Stab, der diese Vorbehandlung nicht erfahren hat. Von der Möglichkeit des Hochtrainierens wird bei Bauteilen gelegentlich Gebrauch gemacht.

Die Bestimmung der Dauerfestigkeit erfordert daher mindestens 10 Probestäbe und großen Zeitaufwand. Man hat oft nach Abkürzungsverfahren gesucht, die jedoch in keinem Fall einwandfreie Ergebnisse bringen konnten. Die Beobachtungen der Beziehung zwischen Festigkeitswerten bei schwingender und bei zügiger Beanspruchung führten dagegen zu einigen Erfahrungsformeln, aus denen die Dauerfestigkeit näherungsweise abgeschätzt werden kann (s. auch Abb. 43).

Zahlentafel 5 gibt für einige Stähle einen Vergleich zwischen Festigkeitswerten bei zügiger und bei schwingender Beanspruchung.

Zahlentafel 5

Dauerfestigkeit im Vergleich mit zügigen Festigkeitswerten

Stahl	σ_{zB}	δ	σ_S	σ_{bF}	τ_{tF}	σ_{zdW}	σ_{bW}	σ_{bW}/σ_{zB}
St 37.11	37	23	22	26	14	12	17	0,46
50.11	55	18	31	37	19	18	24	0,44
70.11	75	10	42	50	26	23	32	0,43
VCN 25	88	8	61	68	36	28	38	0,43
45	115	6	92	101	54	35	46	0,40

364. Die schwingenden Beanspruchungen

Den allgemeinen Fall einer sich zwischen zwei Grenzen ändernden Beanspruchung kann man als Überlagerung einer ruhenden Spannung (Mittelspannung σ_m) und einer Schwingungsbeanspruchung mit nach beiden Seiten gleichmäßigem Spannungsausschlag (σ_a) ansehen. Der zeitliche Ablauf eines solchen Vorganges läßt sich in vielen Fällen angenähert als

Sinuskurve darstellen (Abb. 39), die sich zwischen den Grenzwerten σ_o (Oberspannung) und σ_u (Unterspannung) bewegt. Man gibt hiernach die Höhe einer Dauerbeanspruchung in der Form $\sigma = \sigma_m \pm \sigma_a$ (Zahlenbeispiel $\sigma = 15 \pm 10$) an. Nach

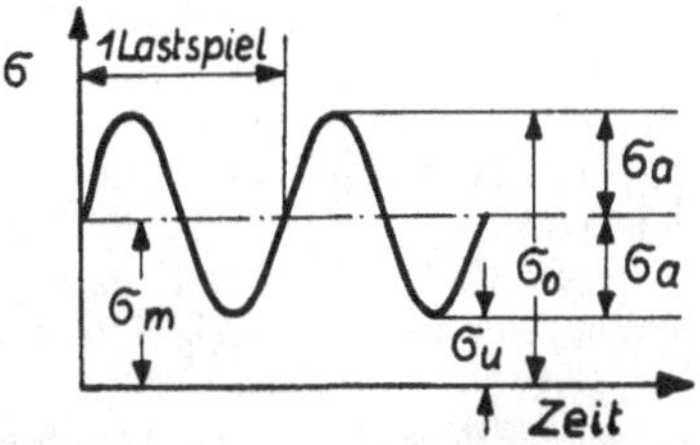

Abb. 39. Zeitlicher Ablauf einer schwingenden Beanspruchung

der Höhe der Mittelspannung unterscheidet man dann folgende Arten von Schwingbeanspruchungen (Abb. 40):

Beanspruchung im *Schwellbereich*: Ist die Mittelspannung größer (oder kleiner) als Null und auch größer als der Spannungsausschlag, so nennt man diesen Fall Dauerbeanspruchung im Schwellbereich oder auch kurz Schwellbeanspruchung.

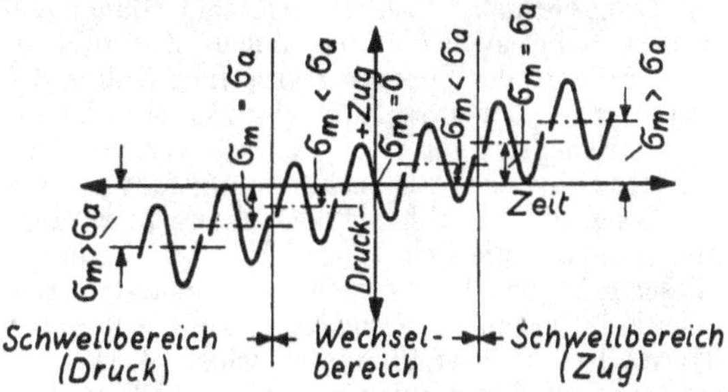

Abb. 40. Formen der schwingenden Beanspruchung

Beanspruchung im *Wechselbereich*: Ist die Mittelspannung größer (oder kleiner) als Null, aber kleiner als der Spannungsausschlag, so spricht man von einer Dauerbeanspruchung im

Wechselbereich, da Ober- und Unterspannung verschiedene Vorzeichen haben.

In beiden Fällen wird die zugehörige Dauerschwingfestigkeit allgemein als *Dauerfestigkeit* σ_D bezeichnet.

Reine *Schwellbeanspruchung* (Sonderfall der Beanspruchung im Schwellbereich): Die Mittelspannung ist gleich dem Spannungsausschlag, d. h. die Spannung wechselt zwischen einem Größtwert, der gleich dem doppelten Spannungsausschlag ist, und dem Wert Null; $\sigma_m = \sigma_a$; $\sigma_o = 2 \cdot \sigma_a$; $\sigma_u = 0$. Man bezeichnet diesen Fall als Schwellbeanspruchung und den zugehörigen Wert der Dauerfestigkeit als *Schwellfestigkeit* σ_{Sch}.

Reine *Wechselbeanspruchung* (Sonderfall der Beanspruchung im Wechselbereich): Die Mittelspannung ist Null, der Spannungsausschlag wechselt zwischen entgegengesetzt gleichgroßen Grenzwerten: $\sigma_u = -\sigma_o$. Man spricht dann kurz von Wechselbeanspruchung und bezeichnet den zugehörigen Wert der Dauerfestigkeit als *Wechselfestigkeit* σ_W.

Diese Belastungsfälle sind in dem DIN-Blatt 50100 „Dauerschwingversuch" zusammengefaßt. Sinngemäß gehört in diese Reihe auch die über längere Zeit ruhende Beanspruchung: Wird der Spannungsausschlag Null und damit Oberspannung gleich Unterspannung gleich Mittelspannung, so liegt der Fall der *Standbeanspruchung* vor. Sie kann als Grenzfall der Schwingbeanspruchung aufgefaßt werden und hat mit dieser die Zeitabhängigkeit ihrer Auswirkung gemeinsam. Ohne daß die Belastung sich ändert, kann nämlich unter dieser ruhenden Beanspruchung eine stetig fortschreitende plastische Verformung eintreten, das sogenannte Kriechen. Dieses Kriechen ist für die einzelnen Werkstoffe und bei verschiedener Temperatur unterschiedlich und macht sich z. B. bei Kunststoffen schon bei Raumtemperatur, bei Stählen erst bei Temperaturen von mehreren hundert Grad störend bemerkbar. Die Spannung, die nach Ablauf einer bestimmten Einwirkungszeit einen Bruch hervorruft, wird als Zeitstandfestigkeit bezeichnet (z. B. nach 1000 Stunden: $\sigma_{B/1000}$). Die höchste ruhende Beanspruchung, die „unendlich lange" ohne Bruch ertragen wird, wäre die *Dauerstandfestigkeit* σ_{Dst} (DIN 50 119). Sie ist aber im Bereich hoher Temperaturen nicht zu ermitteln und vielleicht auch gar nicht vorhanden. (Alle meßbaren Werte sind Zeitstandfestigkeiten.) Bei (relativ) niedrigen Temperaturen liegt sie nur wenig unter der Zugfestigkeit.

Aus den obigen Ausführungen geht hervor, daß für einen Werkstoff die Dauerfestigkeit je nach der Form der Dauerbeanspruchung verschieden ist. Um nun einen Überblick über

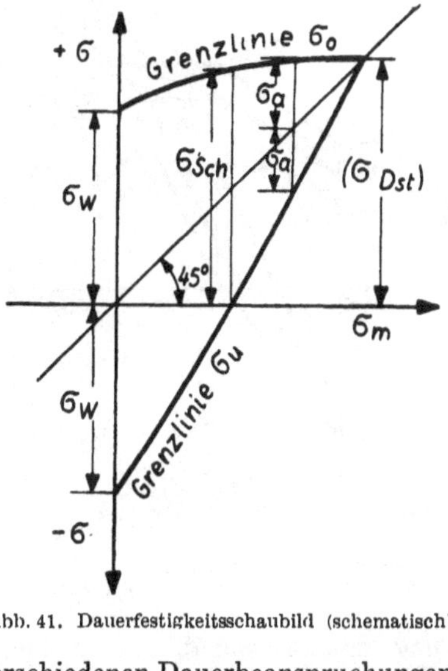

Abb. 41. Dauerfestigkeitsschaubild (schematisch)

die bei den verschiedenen Dauerbeanspruchungen erzielbaren Festigkeiten zu erhalten, kann man das *Dauerfestigkeitsschaubild* des Werkstoffes aufstellen (Abb. 41). Man trägt z. B. über der Mittelspannung die Ober- und Unterspannung auf, die für jeden Beanspruchungsfall die Dauerfestigkeit erreicht und verbindet die Punkte durch eine Grenzkurve. Die reine Wechselfestigkeit findet sich dann in einem solchen

Schaubild auf der Ordinatenachse mit $\sigma_u = -\sigma_o$, die reine Schwellfestigkeit am Schnitt des unteren Astes der Grenzkurve mit der Abszissenachse mit $\sigma_u = 0$ und $\sigma_o = 2\,\sigma_m$, die Standfestigkeit an der Spitze des Diagramms. Zwischen diesen Grenzfällen liegen die Dauerbeanspruchungen im Wechselbereich und die im Schwellbereich.

Dieses Diagramm ist für jeden Werkstoff verschieden wie etwa das Zerreißdiagramm. Weiterhin unterscheiden sich natürlich die Dauerfestigkeitsschaubilder für Zug, Biegung

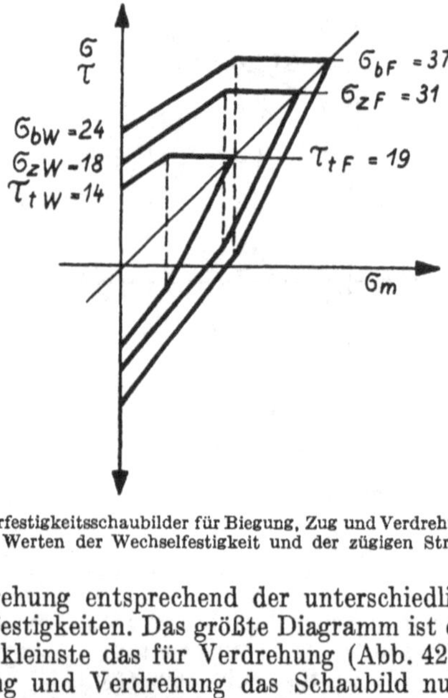

Abb. 42. Dauerfestigkeitsschaubilder für Biegung, Zug und Verdrehung, konstruiert aus den Werten der Wechselfestigkeit und der zügigen Streckgrenze

und Verdrehung entsprechend der unterschiedlichen Höhe der Dauerfestigkeiten. Das größte Diagramm ist das für Biegung, das kleinste das für Verdrehung (Abb. 42). Während für Biegung und Verdrehung das Schaubild nur nach der einen Seite ($+\sigma_m$) gezeichnet werden kann, erstreckt es sich bei Zug-Druckbeanspruchung auch nach der Richtung von $-\sigma_m$, da entsprechende Werte der Zug- und Druckseite nicht gleich sind. Wenn die Wechselfestigkeit und ein weiterer

Dauerfestigkeitswert bekannt sind, läßt sich mit Hilfe der zügigen Streckgrenze das Dauerfestigkeitsschaubild angenähert aufzeichnen, so daß man ungefähr auf die Dauerfestigkeiten bei den übrigen Beanspruchungsformen schließen kann. In Abb. 42 ist dies am Beispiel eines Stahles St 37 ausgeführt.

365. Dauerfestigkeit und Kerbwirkung

Die Dauerfestigkeit des glatten polierten Stabes wird sich erwartungsgemäß ändern, wenn in dem Stab eine Kerbe angebracht ist oder wenn es sich statt des Probestabes um ein Bauteil mit Querschnittsübergängen handelt. Die Kerbe bewirkt, wie früher erläutert wurde, eine Spannungserhöhung im Kerbgrund.

Diese Überhöhung der Spannung im Kerbgrund über die Nennspannung für den Kerbquerschnitt (vgl. Abschn. 35, Abb. 27) kann z. B. mit Hilfe von Feindehnungsmessern an zügig beanspruchten Proben bestimmt werden. Solange man dabei den Werkstoff nur elastisch verformt, ist das Verhältnis von Spannungsspitze zu Nennspannung eine Konstante, die — abgesehen von der Art der Beanspruchung (Zug, Biegung usw., Abb. 29) — nur von der Form der Kerbe abhängt. Dieser reine Formeinfluß wird ausgedrückt durch die *Formzahl*

$$\alpha_k = \frac{\sigma_{max}}{\sigma_n} > 1.$$

Die Erfahrung hat jedoch gezeigt, daß solche gekerbten Stäbe eine höhere Dauerfestigkeit haben, als die Formzahl erwarten läßt. Das der Formzahl entsprechende Verhältnis der Schwingungsfestigkeiten, die sogenannte *Kerbwirkungszahl*

$$\beta_k = \frac{\text{Schwingungsfestigkeit des glatten Stabes}}{\text{Nennschwingungsfestigkeit des gekerbten Stabes}}$$

ist stets kleiner als α_k und hängt überdies noch vom Werkstoff ab. Werkstoffe mit β_k weit unter α_k werden „kerbunempfindlich“, umgekehrt solche mit $\beta_k \approx \alpha_k$ „kerbempfindlich“ genannt.

Durch systematische Untersuchungen über die Dauerschwingfestigkeit an verschiedenen Werkstoffen und mit verschiedenen Kerbformen kam man zu folgender Erklärung für die Kerbempfindlichkeit der Werkstoffe: man stellt sich alle technischen Werkstoffe als von Anfang an „innerlich gekerbt" vor. Sie haben also alle innere Fehlstellen, die nicht einmal sichtbar als Gasblasen oder dergleichen vorhanden zu sein brauchen, sondern die auch in Form von Unregelmäßigkeiten der Zusammensetzung, der Kristallstruktur usw. örtliche Überspannungen hervorrufen können.

Um sie für die Spannungsberechnung zu erfassen, kann man diese Gefügefehler in Gedanken ersetzen durch eine „Ersatzkerbe" bekannter Form, die man sich in dem nunmehr als fehlstellenfrei angenommenen Werkstoff an der höchstbeanspruchten Stelle angebracht vorstellt. Es hat sich ergeben, daß man dann von dieser Ersatzkerbe nur ihren Ausrundungsradius ϱ^* (als Maß für die Kerbunempfindlichkeit des Werkstoffes) zu kennen braucht, um damit die Wechselfestigkeit aller Kerbstäbe berechnen zu können. Hierfür gilt folgende Beziehung:

$$\sigma_{nW} = \frac{\sigma_{W_o}}{\alpha_k} (1 + \sqrt{\varrho^* \cdot \chi})$$

σ_{W_o} = Zug-Druck-Wechselfestigkeit des glatten Stabes,

σ_{nW} = gesuchte Nennwechselfestigkeit,

χ = Spannungsgefälle, d. h. die Steilheit, mit der die Spannung von der Spannungsspitze am Kerbgrund ins Stabinnere abfällt*).

Die Formzahl α_k kann man für die üblichen Stabformen aus den Angaben in Zahlentafel 6 errechnen, die mit Hilfe

---

*) $\chi = \frac{1}{\sigma} \cdot \frac{d\sigma}{dn} \approx \frac{2}{d} + \frac{2}{\varrho}$, worin d die Dicke bzw. der Durchmesser des Probestabes und ϱ den Kerbausrundungsradius bedeutet. Diese Gleichung gilt nur für Zug- bzw. Biege-Wechselbeanspruchung. Wenn Kerbstab geometrisch ähnlich vergrößert wird, sinkt das Spannungsgefälle χ und damit die Wechselfestigkeit. Diese Erscheinung wird „Größeneinfluß" genannt.

Zahlentafel 6

Einfache Formel für die Formzahl α_k gekerbter und abgesetzter, flacher und runder Vollstäbe

$$\alpha_k = 1 + \frac{1}{\sqrt{\frac{A}{t/\varrho} + B\frac{(1+a/\varrho)^2}{(a/\varrho)^3} + \frac{C}{(t/\varrho)^z}}}$$

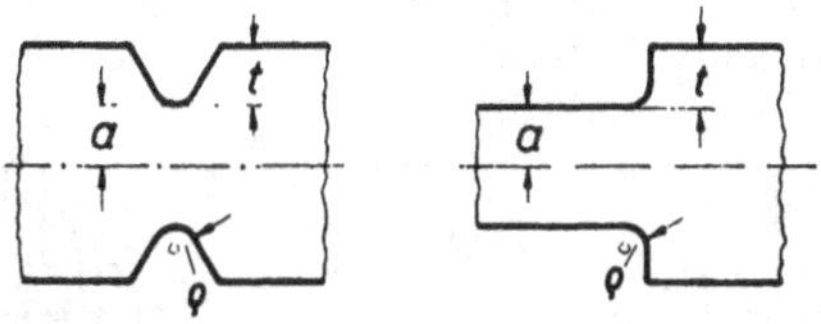

Kerbform	Rillenkerbe				Absatz		
Beanspruchung	Zug	Biegung	Verdreh.	Schub	Zug	Biegung	Verdreh.
A	0,25	0,25	1	1	0,6	0,6	3,4
B Flachstab	0,62	1,4	—	—	1,5	4	—
B Rundstab	1	1,8	7	6,7	2,4	4,6	6
C Rundstab	Werte noch unbekannt.					0,05	0,2
Z Rundstab	Formel gilt hier nur für $t/\varrho > 1$					3	3

von systematischen Meßreihen aufgestellt ist. Den Wert für σ_{Wo} und für ϱ^* ermittelt man aus der Zugfestigkeit nach Abb. 43.

Die meisten technischen Bauteile haben zwar nicht die Form gekerbter Stäbe, aber sie zeigen ein so ähnliches Verhalten, daß man sie auf die gleiche Weise berechnen kann. Man muß dazu zunächst einmal die Form des dem Bauteil entsprechenden Kerbstabes, des sogenannten „Ersatzstabes" finden, der bereits für einige Bauteile ermittelt wurde. Für Bauteile gleicher Art, aber anderer Größe und aus anderen Werkstoffen (vorerst nur Metallen) läßt sich dann die Wechselfestigkeit berechnen.

Für die Mehrzahl der praktisch vorkommenden Bauteile ist aber der Ersatzstab noch nicht bekannt. Man ist deshalb in solchen Fällen auf Prüfung im Betrieb oder auf die Dauerversuche am ganzen Konstruktionsteil angewiesen, um die „*Gestaltfestigkeit*“ zu erfassen. Unter Gestaltfestigkeit versteht man ganz allgemein einen Festigkeitswert, der sowohl von den Beanspruchungsverhältnissen, d. h. von der Größe und der Art der Beanspruchung, als auch vom Werkstoff und von der konstruktiven Form abhängig ist. Er wird sich

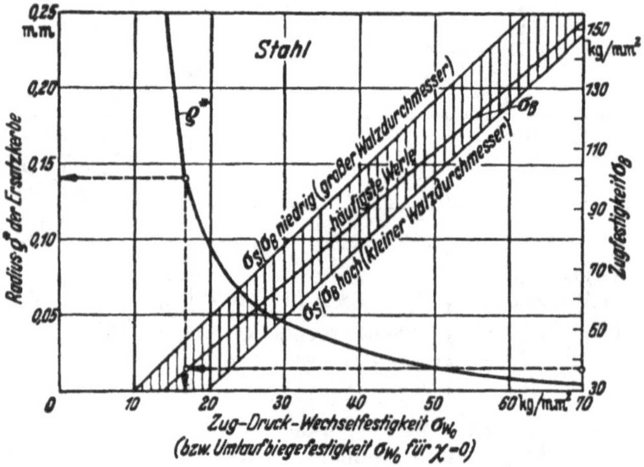

Abb. 43. Zusammenhang zwischen Zugfestigkeit, Wechselfestigkeit und dem Radius der Ersatzkerbe bei Stahl

also immer von der Dauerfestigkeit unterscheiden, die eine reine Werkstoffeigenschaft darstellt. Dauerversuche an Formelementen und fertigen Bauteilen gehören deshalb zu den häufigsten und interessantesten Aufgaben der Materialprüfung. Neuerdings werden sie durch sogenannte Betriebsfestigkeitsversuche ergänzt, die davon ausgehen, daß ein Bauteil im Betrieb nicht immer durch gleichbleibende Spannungsausschläge (wie auf der Dauerprüfmaschine) beansprucht wird, sondern daß während der Betriebszeit verhältnismäßig wenige extreme Belastungszeiten mit häufigeren mittleren Belastungsausschlägen über einer gleichbleibenden Grundschwingung wechseln. Die Versuche werden daher nach einem Programm gefahren, das die statistische Häufigkeit dieser verschiedenen Betriebsbeanspruchungen berücksichtigt.

366. Mittel zur Steigerung der Gestaltfestigkeit

Das Verhältnis zwischen der Gestaltfestigkeit eines Konstruktionsteiles (vielfach auch noch „Dauerhaltbarkeit" genannt) und der Dauerfestigkeit des Werkstoffes wird analog der im Abschnitt 365 für den gekerbten Stab angegebenen Beziehung durch die Kerbwirkungszahl β_k ausgedrückt. Man muß nun schon beim Konstruieren darauf bedacht sein, dieses Verhältnis niedrig zu halten. Deshalb muß sich der Konstrukteur die Verformungsverhältnisse und den Kraftlinienverlauf klar machen und in allen Fällen eine möglichst geradlinige Führung der Kraftlinien anstreben. Wo sich scharfe Querschnittsübergänge nicht vermeiden lassen, kann die scharfe Umlenkung der Kraftlinien vielfach durch andere Mittel abgeschwächt werden.

Hat man an einem Bauteil häufig Brüche beobachtet, so wird man zunächst geneigt sein, es bei der nächsten Serie stärker zu bemessen. Das ist jedoch oftmals nicht möglich und auch nicht immer richtig. Unter Umständen führt eine *schwächere Bemessung* zum besseren Erfolg, weil dadurch das Konstruktionsteil nachgiebiger wird und größere Verformungsmöglichkeiten hat. Ein bekanntes Beispiel hierfür

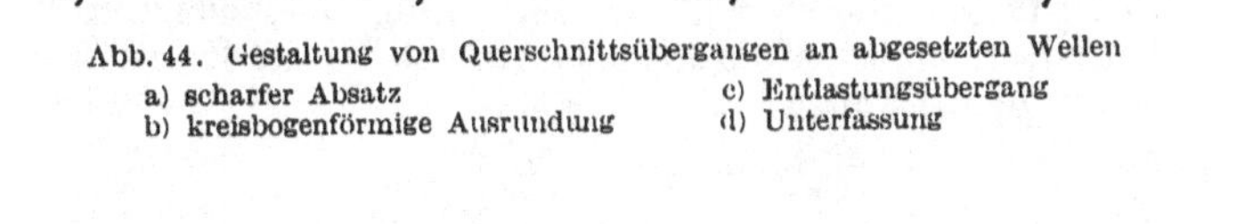

Abb. 44. Gestaltung von Querschnittsübergängen an abgesetzten Wellen
a) scharfer Absatz
b) kreisbogenförmige Ausrundung
c) Entlastungsübergang
d) Unterfassung

ist die Dehnschraube, wie sie jetzt allgemein für Pleuelkopfverschraubungen verwendet wird.

Die Gestaltung der *Ausrundungen* an Wellenabsätzen und sonstigen Querschnittsübergängen trägt viel zur Steigerung der Dauerhaltbarkeit bei. Abb. 44 zeigt hierfür verschiedene Möglichkeiten: ein scharfer Absatz an einer Welle (a) wird schon durch eine kreisbogenförmige Ausrundung gemildert (b). Besser ist jedoch der sogenannte *Entlastungsübergang*, der ellipsenförmig verläuft (c). Eine weitere Möglichkeit ist das „Unterfassen" durch eine umlaufende Eindrehung (d).

Dieses letzte Beispiel zeigt bereits die Anwendung von *Entlastungskerben*, d. h. die Minderung der Kerbwirkung

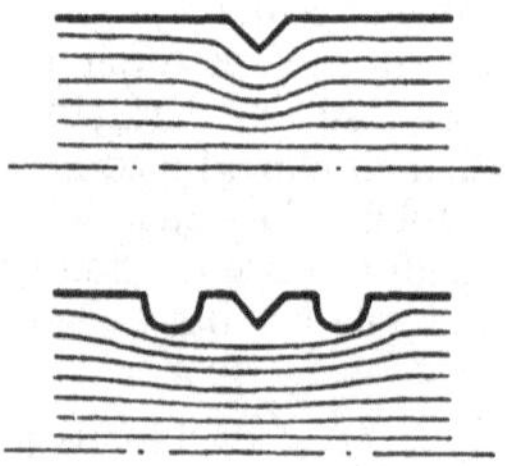

Abb. 45: Wirkung von Entlastungskerben

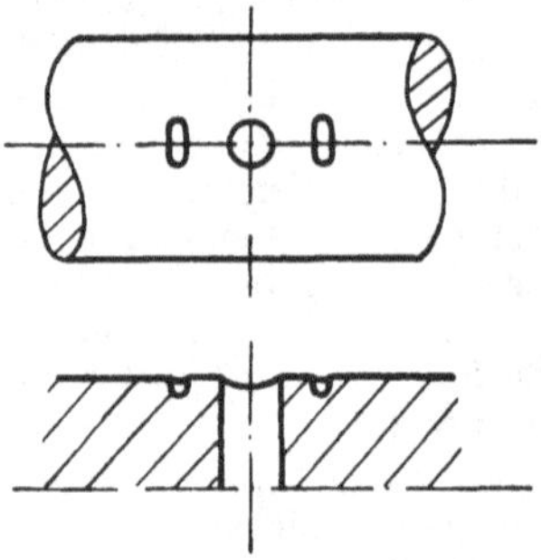

Abb. 46. Anwendung von Entlastungskerben an einer quergebohrten Welle

durch Anbringen von Kerben. Der Sinn dieses Paradoxons ist in Abb. 45 grundsätzlich erklärt: die scharfe Umlenkung der Kraftlinien, die die eine Spitzkerbe bewirkt, wird durch das Hinzutreten der beiden Rundkerben abgeschwächt. Dieses Prinzip wird mit Erfolg an quergebohrten Wellen angewandt, indem man am Bohrungsausgang Tangentialkerben anbringt (Abb. 46). Bei Kurbelwellen hat sich die Entlastungskerbe ebenfalls bewährt (Abb. 47a), eine weitere Verbesserung bringt die seitliche Auslenkung der Kraftlinien in der Kurbelwange (b).

Eine zusätzliche Möglichkeit zur Steigerung der Dauerhaltbarkeit hat man in dem Aufbringen von *Eigenspannungen* im beanspruchten Teil gefunden, die den schädlichen Spannungen entgegenwirken. Schädlich sind bei Zug- und Biegebeanspruchung die Zugspannungen. Sind nun in dem Bauteil

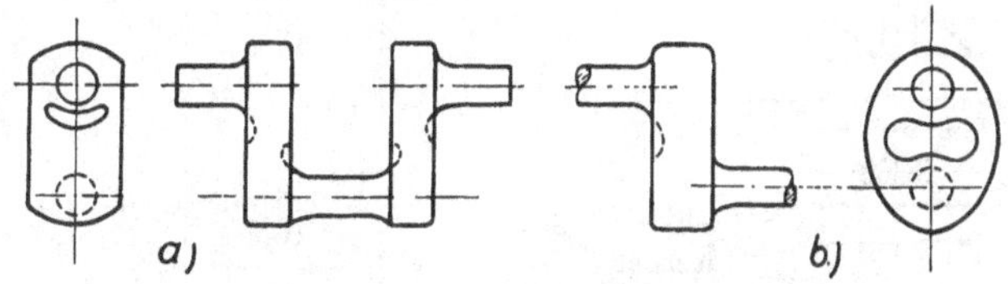

Abb. 47. Verbesserung des Kraftflusses an Kurbelwellen
a) durch Entlastungskerben
b) durch seitliche Auslenkung der Kraftlinien

bei der Beanspruchung bereits Druckspannungen vorhanden, so werden sie die Zugspannungen zum Teil aufheben und unschädlich machen. Eigenspannungen entstehen durch örtliche plastische Verformung, da die benachbarten nichtver-

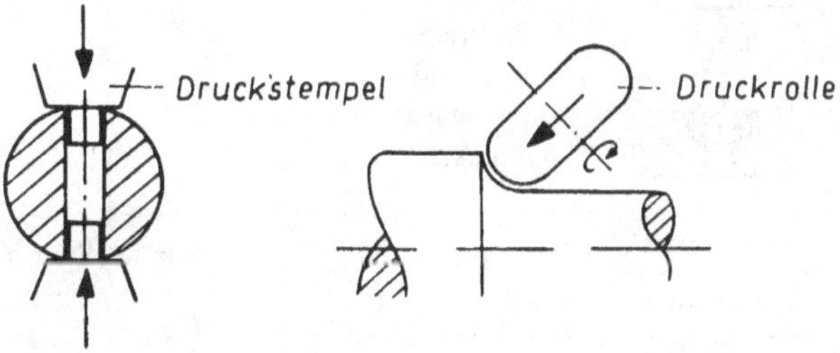

Abb. 48. Aufbringen von Eigenspannungen durch Drucken bzw. Rollen

formten Teile die verformten festzuhalten suchen. Einer Welle mit umlaufender Kerbe, die einer umlaufenden Biegebeanspruchung ausgesetzt werden soll, kann man z. B. vorher ein Eigenspannungssystem aufzwingen, indem man sie reckt.

Zahlentafel 7.
Möglichkeiten zur Steigerung der Dauerhaltbarkeit.

		σ_{bD} kg/mm²	Steigerung von σ_{bD}
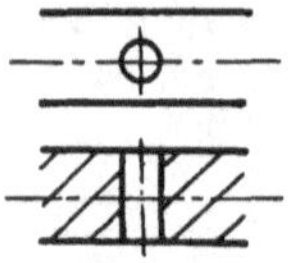		15,1	—
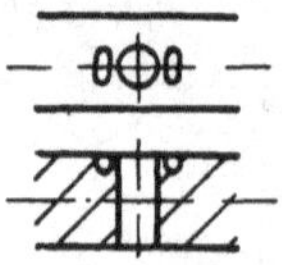	Entlastungs-Kerben	16,9	12%
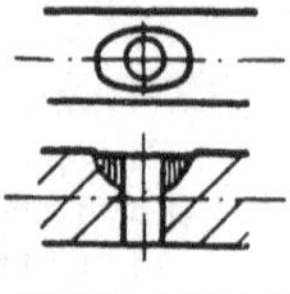	Druck-Vorspannung	21,5	42%
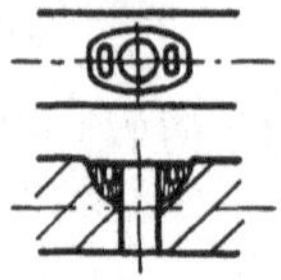	Entlastungs-Kerben und Druckvorspannung kombiniert	29,8	97%
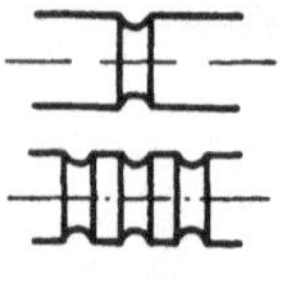	1 Kerbe	σ_{bW} kg/mm²	Steigerung
	eingedreht	15,5	—
	3 Kerben	16,5	6,5%
1 Kerbe eingewalzt		26	67,5%
3 Kerben		31,5	103 %

Bekanntlich tritt dann im Kerbgrund eine Spannungsspitze auf, die die betroffenen Werkstoffteilchen plastisch verformt, während die im Inneren gelegenen sich nur elastisch dehnen. Beim Entlasten gehen diese inneren Teilchen elastisch zurück und „drücken" nun auf die äußeren, die in ihrer plastischen Verformung beharren. Diese verbleibende „Druckeigenspannung" wirkt dann bei der betriebsbeanspruchten Welle dem Zuganteil der Umlaufbiegung entgegen.

Vorspannungen lassen sich auch durch Drücken oder Walzen der Oberfläche aufbringen, wie Abb. 48 für die Beispiele einer quergebohrten und einer abgesetzten Welle andeutet. Zahlentafel 7 gibt eine Vorstellung von der Wirkung solcher Maßnahmen zur Steigerung der Dauerhaltbarkeit.

37. Prüfmaschinen und Meßeinrichtungen

Bei all den besprochenen Festigkeitsprüfverfahren — mit Ausnahme der technologischen Versuche — gilt es, eine bestimmte Kraft auf die Probe aufzubringen oder eine bestimmte Verformung zu erzeugen. Der Ablauf solcher Beanspruchungen — zügig, ruhend, schwingend — soll leicht darzustellen sein, und vor allem müssen die Kraft, die Formänderung und die Zahl der aufgebrachten Belastungen meßbar sein.

Es gehört nicht in den Rahmen dieser Abhandlung, auf die einzelnen Bauarten von Werkstoffprüfmaschinen einzugehen, die für die Grundprüfverfahren in großer Zahl in Standardausführung im Handel sind. Sie sind im allgemeinen für idealisierte Probestäbe eingerichtet, können aber meist auch zur Prüfung von Formelementen oder ganzen Bauteilen verwendet werden. Grundsätzlich unterscheiden sie sich nur durch die Art, wie die Beanspruchung erzeugt wird („Krafterzeugung" oder „Verformungserzeugung") und durch das Meßprinzip (Kraftmessung und Verformungsmessung). Zum Teil sind die Maschinen so eingerichtet, daß sie sowohl für zügige als auch für schwingende Beanspruchung anwendbar sind, meistens werden sie aber aus Gründen der Wirtschaftlichkeit entweder für zügige („statische Prüfmaschinen") oder für schwingende Belastung („Dauerprüfmaschinen") gebaut.

Das Ergebnis der Prüfungen wird ebenso wie durch die Probenform auch durch die Versuchsbedingungen beeinflußt. Die Art der Krafteinleitung, die Steifigkeit und Eigenfrequenz der Prüfmaschine, die Verformungs- bzw. Belastungsgeschwindigkeit und unter Umständen auch die Meßmethode spielen daher eine große Rolle. Einige dieser Bedingungen sind deshalb für die wichtigsten Werkstoffprüfungen in Normblättern festgelegt als Forderungen, die die Prüfmaschinen erfüllen müssen, ohne dabei die Maschine selbst normen zu wollen (z. B. DIN 51 221, 51 222, 51 200, 50 118, 50 119).

Vielfach wird man für Sonderuntersuchungen mit den serienmäßigen Prüfgeräten nicht auskommen, so daß man sich von Fall zu Fall die Versuchseinrichtungen selbst aufbauen muß. Dabei sind natürlich die obenerwähnten Faktoren ebenso zu beachten. Besonders für Prüfungen bei hohen und tiefen Temperaturen fehlen heute meist noch serienmäßige Einrichtungen. Das gleiche gilt für Prüfungen unter Korrosions- und Klimaeinwirkungen.

38. Untersuchung von Zusammensetzung und Struktur

Die bisher behandelten Prüfmethoden vermögen Aufschluß zu geben über die Festigkeitseigenschaften und die Verformbarkeit eines Werkstoffes und damit über die Möglichkeiten seiner Anwendung, seiner Verarbeitung und Bearbeitbarkeit. Sie vermögen Fehler anzuzeigen, die sich in einer Minderung der Festigkeit, in einer Versprödung oder auch in einer unzulässigen Verformbarkeit auswirken. Die Prüfungen bei zügiger Beanspruchung werden daher vorwiegend für Abnahmeversuche angewandt, wo die Einhaltung bestimmter Werte z. B. für die Zugfestigkeit, für die Dehnung oder für die Kerbschlagzähigkeit vorgeschrieben sind. Die Dauerfestigkeitsuntersuchungen zeigen das Verhalten des Werkstoffes bei den Beanspruchungen, die im Betrieb meistens auftreten und gewinnen besondere Bedeutung durch die Prüfungen auf Gestaltfestigkeit und durch Betriebsfestigkeitsuntersuchungen an ganzen Bauteilen, die die Grenzen der konstruktiven Formgebung deutlich machen. Außer etwaigen Gestaltungsfehlern oder im Bruchbild sichtbaren Fehlstellen ist aber über die Ursache der Festigkeitsminderung an Hand dieser mechanischen Prüfverfahren meist nichts zu erkennen. Sie sagen nichts aus über die Zusammensetzung der Werkstoffe noch über ihren strukturellen Aufbau. Sie sagen nur, daß etwas nicht stimmt, jedoch nicht, warum es nicht stimmt. Sie erfordern zudem, mit Ausnahme einiger Härteprüfverfahren, eine Zerstörung der Proben, so daß sie wohl zur Kontrolle des Werkstoffes und auch zur Kontrolle einer Konstruktionsform geeignet und auch unentbehrlich sind, nicht aber für die Überprüfung fertiger Stücke vor dem Einbau oder während des Betriebes.

Die Werkstoffkunde muß deshalb neben ihren eigentlichen Prüfmethoden noch einige Verfahren zu Hilfe nehmen, die sonst in die Arbeitsgebiete anderer Disziplinen gehören. Es sind dies in erster Linie die Arbeitsmethoden des Chemikers und weiterhin die Mikroskopie, die sich in ihrer Anwendung zur Untersuchung des Gefügeaufbaues der Metalle zu einer eigenen Wissenschaft, der Metallographie entwickelt hat. Zur zerstörungsfreien Prüfung werden daneben noch einige physikalische Gesetze für die Werkstoffkunde nutzbar gemacht.

381. Chemische Untersuchungen

Die mechanischen Eigenschaften sind bei den metallischen Werkstoffen stark durch ihre chemische Zusammensetzung bedingt. Reine Metalle werden im Maschinenbau selten verwendet, sondern mit bestimmten Zusätzen versehen und diese Legierungen dann für den Anwendungszweck geeignet ausgewählt. Zur Feststellung der richtigen Zusammensetzung einer Legierung dient die chemische Analyse, mit deren Hilfe man z. B. im Stahl die von der Erzeugung her vorhandenen Bestandteile an Kohlenstoff (C), Silizium (Si), Mangan (Mn), Phosphor (P) und Schwefel (S) nachweisen kann. Von diesen Begleitern des reinen Eisens (Fe) sind besonders der Kohlenstoff, aber auch Si und Mn vielfach in höheren

Gehalten erwünscht, ebenso wie Nickel (Ni), Chrom (Cr), Molybdän (Mo), Wolfram (W), Vanadium (V), Aluminium (Al) und Kupfer (Cu) zur Erzielung bestimmter Eigenschaften zugesetzt werden.

Der bloße Nachweis des Vorhandenseins solcher Bestandteile wird als *qualitative Analyse* bezeichnet, während ihr prozentualer Anteil an der gesamten Legierung durch die *quantitative Analyse* bestimmt wird. Die Methoden der chemischen Untersuchung sind unterschiedlich je nach der Art des zu untersuchenden Stoffes oder des zu bestimmenden Bestandteiles und richten sich auch nach den vorhandenen Möglichkeiten und der Ausrüstung des Labors.

382. Metallographische Untersuchungen

Die Metallographie befaßt sich mit dem *Gefügeaufbau* der Metalle, die ja keine amorphen Körper, wie z. B. Glas, sondern kristallin aufgebaut sind. Kristalle sind Körper mit regelmäßiger „Struktur“, d. h. die Atome, die kleinsten Bauelemente aus denen der Kristall besteht, sind regelmäßig zu bestimmten Symmetrieachsen angeordnet. Je nach der An-

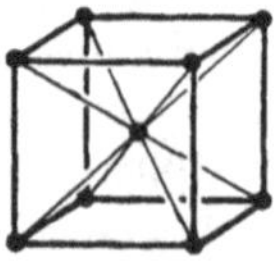

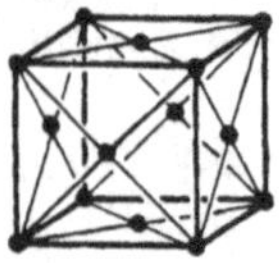

Abb. 49. Aufbau von Raumgittern

ordnung der Atome und der Richtung der Symmetrieachsen unterscheidet man verschiedene Strukturen, die auch ein verschiedenartiges Verhalten der Metalle hinsichtlich bestimmter Eigenschaften bedingen (z. B. Wärmeleitung, E-Modul, Verformbarkeit, Magnetisierbarkeit usw.). Die Anordnung der Atome wird durch sogenannte Raumgitter dargestellt, von denen Abb. 49 die wichtigsten z. B. beim Eisen vorkommenden Typen zeigt. Das kubisch raumzentrierte Gitter (a) findet sich beim sogenannten α-Eisen und bei einigen Nichteisenmetallen wie z. B. Chrom, Molybdän, Wolfram, Vanadium. Kubisch flächenzentriert (b) ist das γ-Eisen, sowie Aluminium, Kupfer, Nickel, Silber, Gold, Platin und andere. Das Eisen ändert also seine Struktur, und zwar in Abhängigkeit von der Temperatur. Der Übergang von der α- zur γ-Struktur liegt beim reinen Eisen bei 900° C, also weit unter dem Schmelzpunkt, d. h. diese Umwandlung tritt im festen Zustand ein. Beim technischen Eisen ändert sich die Umwandlungstemperatur in Abhängigkeit vom Kohlenstoffgehalt und von den übrigen Zulegierungen. Eine vollkommen regelmäßige Form der Kristalle ist nun aber in den technischen Materialen nicht überall anzutreffen, da die Kristallisation der abkühlenden Schmelze nicht immer unter günstigsten Bedingungen vor sich gehen kann. Die entstehenden Bausteinchen haben daher eine mehr oder weniger zufällige Begrenzung, und man nennt sie „Kristallite" zum Unterschied von den regelmäßigen Kristallen. Bei Legierungen kann das Gefüge verschiedenartig zusammengesetzt sein: entweder die Legierungsbestandteile bestehen nebeneinander, das Gefüge ist also ein mechanisches Gemenge aus Kristalliten der einen und der anderen Komponente (Beispiel: Bleibronze, Cu + Pb oder Kohlenstoffstahl unter 0,9 % C, Ferrit + Perlit, vgl. Abb. 52). Oder die Komponenten bilden eine feste Lösung, sogenannte Mischkristalle (Beispiel: Messing, Cu + Zn bis 39 % Zn; bei höherem Zn-Gehalt entsteht ein Gemenge aus Mischkristallen und einer Phase mit höherem Zn-Gehalt). Die dritte Möglichkeit ist eine chemisch-Verbindung der Komponenten, die oft wieder ein Gemenge bildet mit reinen Kristalliten einer Komponente oder mit Mischkristallen (Beispiel: Eisenkarbid Fe_3C mit 6,7 % C).

Um in den hier kurz skizzierten Gefügeaufbau der Metalle einen Einblick zu erhalten, bedient man sich der *Mikroskopie.* Das Metallmikroskop arbeitet im Gegensatz zu den sonst üblichen Anwendungen der Mikroskopie (Biologie, Medizin) mit auffallendem Licht und erfordert daher besondere Konstruktionen. Wegen der durch die starke Vergrößerung bedingten geringen Tiefenschärfe kann das Gefüge nur auf einer ebenen, sehr glatten Fläche sichtbar gemacht werden. Es wird deshalb zunächst ein sogenannter Schliff von dem zu untersuchenden Metall hergestellt, der hochglanzpoliert sein muß. Der Gefügeaufbau ist daran noch nicht erkennbar, dagegen heben sich nichtmetallische Einschlüsse, Schlackenzeilen, Oxyde, Graphitadern (im Grauguß) bereits deutlich hervor. Das Gefüge wird erst durch Anätzen des polierten Schliffes sichtbar. Durch Eintauchen in ein geeignetes Ätzmittel erhält man entweder eine Korngrenzenätzung oder eine Kornfelderätzung. Je nach der Orientierung und dem Aufbau der Kristallite werden die Schnittflächen verschieden stark angegriffen, und man erkennt so im Schliffbild, ob es sich um Kristallite der reinen Komponente, Mischkristalle usw. handelt. Wo das Auflösungsvermögen (d. i. die Vergrößerungsfähigkeit) der normalen Lichtmikroskope nicht mehr ausreicht, bedient man sich neuerdings auch des Elektronenmikroskops, um in die Feinheiten des Gefügeaufbaues der Werkstoffe einzudringen. Hierbei erfordert aber die Herstellung der Präparate einen großen Aufwand, so daß diese Methode, abgesehen von dem hohen Preis und der Empfindlichkeit der Geräte, für die praktische Werkstoffkunde zunächst nicht in Betracht kommt.

Als Beispiele für mikroskopische Gefügeaufnahmen zeigen die Abb. 50 bis 53 einige Stahlgefüge (unlegierter Stahl mit verschiedenen C-Gehalten). Beim reinen Eisen bestehen sämtliche Kristallite aus Ferrit (Abb. 50), treten aber z. B. 0,4 % C hinzu, so entsteht die chemische Verbindung Fe_3C (Eisenkarbid oder Zementit), die mit einem Teil des Ferrits ein Gemenge bildet, den sogenannten Perlit. Da aber nicht aller Ferrit zur Perlitbildung aufgebraucht wird, lagern sich zwischen die Perlitkörner noch Ferritkörner ein (Abb. 51). Wächst der Kohlenstoffgehalt auf 0,9 %, so besteht gerade Gleichgewicht zwischen Zementit und vorhandenem Ferrit, so daß sich das ganze Gefüge aus solchen Perlitkörnern zusammensetzt. In Abb. 52 ist dieses reine Perlitgefüge in stärkerer Vergrößerung wiedergegeben, und man erkennt in den Perlitkörnern die lamellenartige Schichtung von Ferrit und Zementit. Bei weiter steigendem C-Gehalt (z. B. 1,2 %)

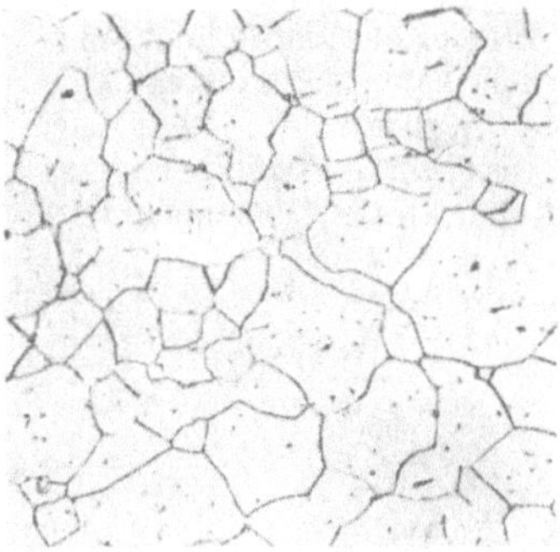

Abb. 50. Reines Eisen (Ferrit). Vergrößerung 150fach

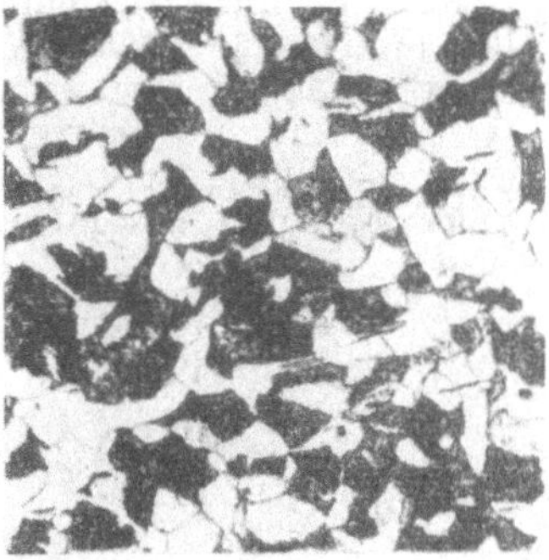

Abb. 51. Eisen mit 0,4% C (Ferrit + Perlit)

Abb. 52. Eisen mit 0,9% C (reiner Perlit = lamellares Gemenge von Fe und Fe_3C)

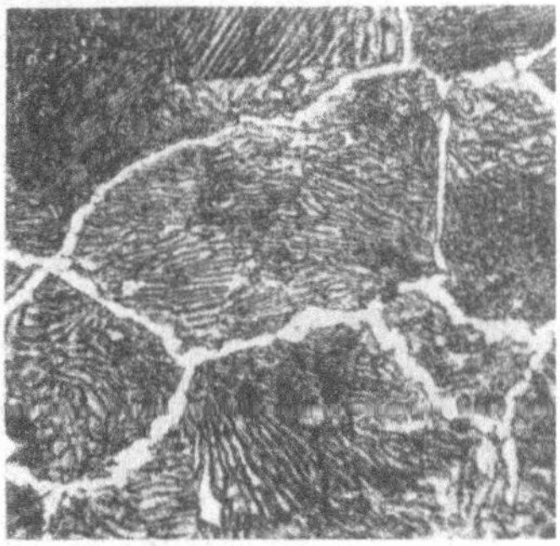

Abb. 53. Eisen mit 1,2% C (Perlit + Schalenzementit)

ist überschüssiger Zementit vorhanden, der sich nun als Schalenwerk zwischen die Perlitkörner einlagert. Im Schliffbild wird dieser Korngrenzenzementit als Netz sichtbar (Abb. 53).

Eine mikroskopische Untersuchung kann also einen Einblick in die Zusammensetzung einer Legierung geben, und da das Gefüge auch durch thermische und mechanische Einflüsse verändert wird, lassen sich aus dem Gefügebild auch Schlüsse auf Wärmebehandlung und mechanische Vorbehandlung (Walzen usw.) ziehen. Vielfach ist aber eine solche Feinuntersuchung gar nicht erforderlich, sondern es genügt eine Grobstrukturuntersuchung. Die *Makroskopie* stellt bei schwacher Vergrößerung oder mit unbewaffnetem Auge grobe Fehler fest, die im Schnitt oder an der Oberfläche ent-

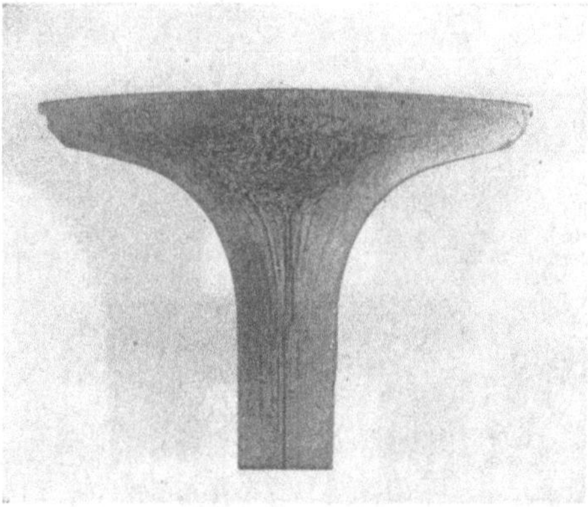

Abb. 54. Walzstruktur an einem gestauchten Ventilkopf kann durch Makroätzung sichtbar gemacht werden

weder ohne Vorbehandlung oder nach grobem Anschleifen und entsprechendem Ätzen zu erkennen sind. Solche Fehler sind z. B. *Gasblasen*: im flüssigen Metall sind Gase gelöst, die sich beim Erkalten wieder ausscheiden und unter Umständen nicht mehr entweichen können. Beim Auswalzen verschweißen die Wandungen dieser Hohlräume meist wieder, sofern die Einschlüsse nicht oxydhaltig sind. Unverschweißte Gaseinschlüsse findet man etwa in Blechen als „Doppelungen“. Weiter können sich beim Abkühlen der

Metallschmelzen durch die Schwindung sogenannte *Lunker* bilden. Der Spiegel der Schmelze senkt sich in der Mitte ab, so daß besonders im Inneren von Gußstücken Hohlräume entstehen. Man vermeidet diese Erscheinung durch verlorene Köpfe beim Gießen. Beim Abkühlen treten manchmal auch unerwünschte Entmischungserscheinungen in den Legierungen auf, die durch die verschiedene Lage der Schmelzpunkte für die einzelnen Legierungsbestandteile bedingt sein können. Diese „*Seigerungen*" wirken sich ungünstig auf die Festigkeit aus, sie können durch Makroätzungen nachgewiesen werden. Ebenso kann man durch Anschleifen und Ätzen mit geeigneten Ätzmitteln Verformungen nachweisen oder sonst nicht sichtbare Schweißungen aufdecken. Abb. 54 zeigt

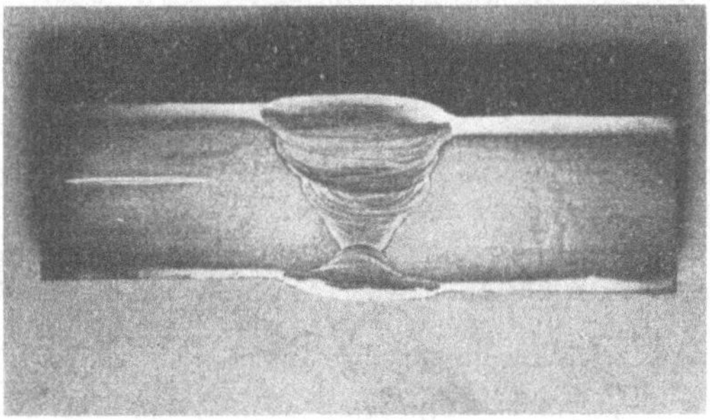

Abb. 55. Schnitt durch eine Schweißnaht (Adler-Ätzung)

einen gestauchten Ventilkegel, bei dem die Walzstruktur des verwendeten Stahles und die Verformung durch die sogenannte Oberhoffer-Ätzung deutlich zu erkennen ist. Die Schweißung in Abb. 55 ist durch die „Adler"-Ätzung sichtbar gemacht. Bei sauberer Ausführung braucht eine Schweißnaht nach Abarbeiten der Schweißraupen auf der Oberfläche ohne solche Hilfsmittel nicht erkennbar zu sein.

383. Zerstörungsfreie Prüfverfahren

Mit Hilfe von *Röntgenstrahlen* lassen sich die obengenannten Werkstoffehler ohne Zerstörung der Teile finden. Weil die Röntgenstrahlen die schweren Metalle mit ihren hohen Atomgewichten schlecht durchdringen (Blei dient aus diesem Grunde als Strahlungsschutz), muß man wesentlich leistungsfähigere Apparate verwenden als etwa in der Medizin.

Zum Sichtbarmachen des Röntgenbildes läßt man die Strahlen auf einen fluoreszierenden Schirm (Leuchtschirm) oder auf eine photographische Platte auftreffen. Man kann auf diese Weise Gaseinschlüsse, Lunker usw. in metallischen Körpern feststellen. Für die Untersuchung von Schweißungen oder auch von Verbundmetallen (Lagerschalen usw.) werden Röntgendurchstrahlungen regelmäßig angewandt (DIN 54 110). Eine ähnliche Wirkung wird mit der Gamma-*Durchstrahlung* erzielt. Diese Strahlen entstehen beim Zerfall radioaktiver Stoffe wie Radium, Mesothor u. a. Die Anwendung ist einfacher, denn sie erfordert keine besondere Apparatur wie die Röntgenbestrahlung, sondern nur ein Stückchen radioaktive Substanz in entsprechend abschirmender Verpackung. Allerdings sind diese Substanzen sehr teuer. Wesentlich billiger (und noch von wirtschaftlich tragbarer Lebensdauer) sind die künstlichen Radioisotope.

Darüber hinaus ermöglichen die Röntgenstrahlen, die *Feinstruktur* der Metalle sichtbar zu machen, durch die man den bereits erwähnten Einblick in den Atomaufbau (Raumgitter, Abb. 49) gewonnen hat.

Neuerdings bedient man sich auch des *Ultraschalles* zur zerstörungsfreien Werkstoffprüfung. Ultraschall wird durch piezoelektrische Quarzkristalle erzeugt. Die Schallwellen werden beim Durchgang durch feste Körper von Luftspalten, Rissen, Lunkern und dergleichen absorbiert, so daß man mit besonderen Geräten die Lage solcher Fehler in meterdicken Stahlblöcken wie auch in kleinsten Schweißstellen genau ermitteln kann.

Die *Magnetische Rißprüfung* (DIN 54 121) ermöglicht die Feststellung von feinen Rissen (Schwind- und Härterissen) an der Oberfläche der Werkstücke. Wird das Werkstück in ein magnetisches Kraftfeld gebracht, so sind die Kraftlinien im gesunden Metall gleichmäßig verteilt, an Fehlstellen aber wird der Kraftfluß gestört. Die Kraftlinien „überspringen" den Riß an der Oberfläche (Abb. 56). Durch Bespülen des Werkstückes mit einer Aufschlämmung von Eisenpulver in Öl kann ein solcher Austritt der Kraftlinien sichtbar gemacht und damit der Riß aufgefunden werden. Zur Auffindung von Querrissen verwendet man Längsmagnetisierung (Gleichstrom-Fremderregung), für Längsrisse dagegen Quermagnetisierung (Wechselstrom-Eigenerregung).

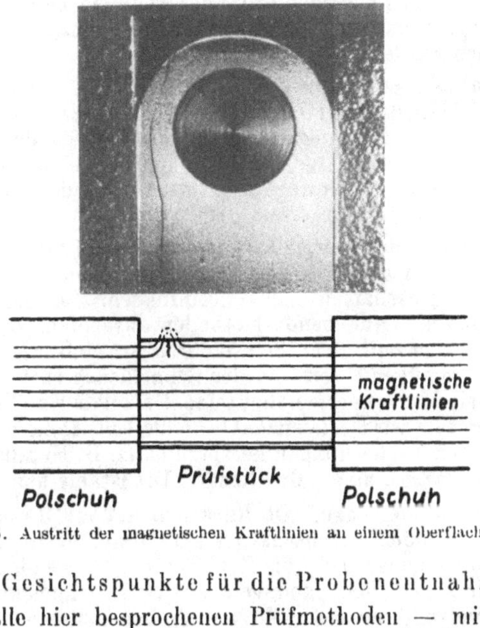

Abb. 56. Austritt der magnetischen Kraftlinien an einem Oberflächenriß

39. Gesichtspunkte für die Probenentnahme

Für alle hier besprochenen Prüfmethoden — mit Ausnahme der zerstörungsfreien Prüfungen und der Prüfungen am ganzen Bauteil — sind (zum Teil genormte) Proben erforderlich, die aus einer größeren Werkstoffmenge oder aus einem Werkstück entnommen werden müssen. Es erscheint daher angebracht, für diese Probenentnahme einige Hinweise zu geben, die im Interesse einer einwandfreien Durchführung der Prüfungen beachtet werden sollten.

1. Entnahmestelle: Der Werkstoff kann, besonders bei größeren Querschnitten, am gleichen Werkstück sehr verschiedene (Festigkeits-) Eigenschaften haben (bedingt z. B. durch Walzstruktur, Verschmiedungsgrad, Gußabkühlung, Seigerungszonen usw.). Die Proben sollen deshalb an den Stellen entnommen werden, über deren Eigenschaften eine Aussage gemacht werden soll, oder wenn ein Durchschnittswert angestrebt wird, an mehreren, von einander entfernt liegenden Stellen.

2. Entnahmerichtung: Besonders bei Schmiedestücken und bei Werkstoffen mit Walzstruktur (Walzzeilen) sind die Eigenschaften richtungsabhängig. Dies muß bei der Probenentnahme berücksichtigt werden. Allgemein sind die Proben natürlich in der Richtung zu entnehmen, in der die Hauptbeanspruchung wirkt.

3. Entnahmevorgang: Das Herausarbeiten der Proben (z. B. aus einem größeren Werkstück) darf den Werkstoff in seinen Eigenschaften nicht beeinflussen. Im allgemeinen wird man spanabhebende Methoden anwenden. Beim Herausschneiden mit dem Schweißbrenner muß die Prüfung nachher genügend weit von der Schneidzone entfernt erfolgen, weil hier unvermeidlich eine Gefügeumwandlung eingetreten sein wird. Die spanabhebende Entnahme darf keine plastischen Verformungen hervorrufen (z. B. Herausmeißeln oder -schlagen), auch „drückende" Drehstähle usw.).

4. Entnahmemenge: Mit Rücksicht auf die Streuung der zu ermittelnden Eigenschaften muß beachtet werden, daß die Probenmenge bzw. die Zahl der Proben genügend groß ist. Für zügige Festigkeitsversuche ist im allgemeinen eine Mittelwertbildung aus mehreren Proben unumgänglich, für Dauerfestigkeitsversuche sollte man mindestens 10 Proben für eine Wöhlerkurve zur Verfügung haben, chemische Analysen können zuverlässig meist auch nur an größeren Probenmengen (mindestens einige Gramm, je nach Zahl der Unter-

suchungen) durchgeführt werden. Von der Anzahl oder Menge der verfügbaren Proben hängt in jedem Fall die Genauigkeit der Prüfergebnisse ab. Vielfach ist hier natürlich, besonders bei der Prüfung ganzer Bauteile, durch die Wirtschaftlichkeit eine Grenze gesetzt.

5. Behandlung der Proben: Es ist darauf zu achten, daß die Proben in dem Zustand erhalten werden, in dem sie geprüft werden sollen. Z. B. darf die Oberfläche (entweder in ihrem ursprünglichen Zustand oder nach sauberer Bearbeitung) vor der Prüfung nicht verletzt werden. Schonende Behandlung empfiehlt sich deshalb besonders beim Versand an eine Prüfstelle. Auch für die Bruchbeurteilung ist es wichtig, daß Dauerbrüche z. B. beim Ausbau oder beim Versand nicht nachträglich verstoßen werden. Korrosive Einflüsse sind ebenso wie bei nichtmetallischen Proben Alterungseinflüsse zu vermeiden, oder wo unvermeidlich, zu berücksichtigen. Für chemische Untersuchungen ist besonders auf Reinhaltung schon bei der Probenentnahme, aber auch bei der Verpackung und Lagerung zu achten.

Nachwort

Als im Jahre 1926 die erste Auflage der beiden Göschenbändchen „Werkstoffe des Maschinenbaues“ erschien, waren die darin zusammengetragenen Gedanken zum Teil völlig neu, zumindest für den mit dieser Sammlung angesprochenen Leserkreis. Inzwischen ist die Werkstoffkunde zu einer eigenen Wissenschaft geworden, die zum allgemeinen Rüstzeug des Ingenieurs gehören sollte, und durch umfangreiche Forschungsarbeiten sind die seinerzeit nur angedeuteten oder nur vermuteten Zusammenhänge geklärt worden. Wenn sich der Verlag nun entschlossen hat, im Rahmen dieser Sammlung eine neue Auflage der „Werkstoffe des Maschinenbaues“ herauszugeben, so war deshalb eine vollständige Neubearbeitung des Stoffes notwendig, so daß die jetzt erscheinenden Göschenbändchen mit den damaligen nicht mehr allzuviel gemein haben. Es war möglich, den Stoff weit umfassender und präziser zu bearbeiten, wobei jedoch der Grundsatz gewahrt wurde, kein Lehrbuch zu schreiben, sondern einen knappen Überblick zu vermitteln und dem näher Interessierten Hinweise und Anregungen für die weitere Vertiefung zu geben. Hierzu dient insbesondere das reichhaltige Schrifttumsverzeichnis und im Text die jeweilige Angabe der einschlägigen DIN-Normen, die zur Zeit der ersten Auflage noch gar nicht vorhanden waren. Gleich geblieben aber ist der Zweck der Büchlein: In dem genannten Sinne den technisch interessierten Laien anzusprechen und ihm einen Einblick in ein Teilgebiet aus dem Wunderland der Technik zu vermitteln, sowie dem Ingenieurnachwuchs an den Technischen Hoch- und Fachschulen eine Grundlage zu geben für die weitere Ausbildung.

Bei der Bearbeitung der Neufassung unterstützte mich mein langjähriger Mitarbeiter, Herr Dr.-Ing. C. M. v. Meysenbug. Mein besonderer Dank für wertvolle Hinweise und Anregungen gilt auch Herrn Dr.-Ing. Cord Petersen, Frankfurt am Main, mit dem mich ebenfalls viele Jahre der wissenschaftlichen Zusammenarbeit an der Staatlichen Materialprüfungsanstalt Darmstadt verbinden.

Zürich im Mai 1956
Etzelstraße 60

A. Thum

Literaturverzeichnis

Es sind nur deutschsprachige Bücher aufgeführt, die nach 1945 erschienen sind.

Werkstoffkunde

Bickel, E.: Die metallischen Werkstoffe des Maschinenbaues. (442 S.) Berlin 1953. — Böhne, C.: Werkstofftaschenbuch. (268 S.) Stuttgart 1949. — Christen, H.: Werkstoffbegriffe. (222 S.) 4. Aufl., Frauenfeld (Schweiz) 1955. — Liebig, K.: Unsere Werkstoffe. (169 S.) Leipzig 1953. — Stäger, H.: Allgemeine Werkstoffkunde. (423 S.) Basel 1947.

Metallkunde

Borchers, H.: Metallkunde. 1. Bd. Aufbau der Metalle und Legierungen. (110 S.). 2. Bd. Eigenschaften, Grundzüge der Form- und Zustandsgebung. (154 S.) Berlin 1950 (Sammlung Göschen). — Brandenberger, E.: Grundriß der allgemeinen Metallkunde. (333 S.) München/Basel 1952. — Goederitz, A. H. F.: Metallguß; Entwicklung der deutschen Metallgußtechnik. 1. Teil Die Werkstoffe. (250 S.) Halle 1950, 2. Teil Schmelzen und Legieren. (926 S.) Halle 1955. — Guertler, W. M.: Metallkunde, eine Vorlesung zur Einführung. (204 S.) Berlin 1954. — Halla, F.: Kristallchemie und Kristallphysik metallischer Werkstoffe. (638 S.) 2. Aufl. Leipzig 1951. — Masing, G.: Lehrbuch der allgemeinen Metallkunde. (620 S.) Berlin 1950. — Masing, G.: Grundlagen der Metallkunde in anschaulicher Darstellung. (153 S.) 4. Aufl. Berlin 1955. — Ohmann, H.: Allgemeine und praktische Metallkunde. (400 S.) Leipzig 1955.

Metalle

Lüpfert, H.: Metallische Werkstoffe. (235 S.). (Lehrbücher der Feinwerktechnik, Bd. 7). 4. Aufl. Füssen 1953. — Wandelt, M.: Kurzzeichen für metallische Werkstoffe. DIN-Normenheft 3, Berlin 1948. — Wellinger, K. u. P. Gimmel: Werkstoff-Tabellen der Metalle (187 S.) 3. Aufl. Stuttgart 1955. — v. Kerpely, K.:

Gußpraxis in der Elektrogießerei für Stahlformguß und Grauguß. (224 S.) 2. Aufl. Halle 1954. — Piwowarsky, E.: Hochwertiges Gußeisen. (1070 S.)2. Aufl. Berlin 1951. — Poetter, H.: Temperguß. (209 S.) Berlin 1953. — Poetter, H.: Grauguß. (416 S.) Berlin 1954. — Rapatz, E.: Die Edelstähle. (730 S.) 4. Aufl. Berlin 1951. — Scheer, L.: Was ist Stahl? Einführung in die Stahlkunde für Jedermann. (109 S.) 9. Aufl. Berlin 1952. — Werkstoff-Handbuch Stahl und Eisen. Hrsg. v. Verein deutscher Eisenhüttenleute. 3. Aufl. Düsseldorf 1953.—
Kieffer, R. u. P. Schwarzkopf: Hartstoffe und Hartmetalle. (717 S.) Wien 1953. — Keller, H.: Kupfer- und Kupferlegierungen. (52 S.) (Werkstattbücher Heft 45) 3. Aufl. Berlin 1955. — Kodaschow, W. A.: Metallurgie des Kupfers. (216 S.) Leipzig 1953. — Schichtel, G.: Magnesium-Taschenbuch. (484 S.) Berlin 1954. — Strelez, Ch. L. u. a.: Metallurgie des Magnesiums. (448 S.) Berlin 1953. — v. Zeerleder, A.: Technologie des Aluminiums und seiner Leichtlegierungen. (594 S.) 5. Aufl. Leipzig 1947. — Aluminiumtaschenbuch. Hrsg. v. Aluminium-Zentrale, 11. Aufl. Düsseldorf 1955. — Kupfer und Kupferlegierungen in Industrie und Handwerk. Hrsg. v. Deutschen Kupferinstitut (97 S.) Berlin 1952.

Nichtmetallische Werkstoffe

Gayer, S.: Die Holzarten und ihre Verwendung in der Technik. (244 S.) Leipzig 1954. — Kollmann, F.: Technologie des Holzes und der Holzwerkstoffe. 1. Bd. (1050 S.) 2. Aufl. Berlin 1951. — Mehdorn, W.: Kunstharzpreßstoffe und andere Kunststoffe. (354 S.) 3. Aufl. Berlin 1949. — Pabst, F., Hj. Saechtling und W. Zebrowski: Kunststoff-Taschenbuch. (385 S.) 11. Aufl. München 1955. — Wandeberg, E.: Kunststoffe, ihre Verwendung in Industrie und Technik. (283 S.) Berlin 1955.—

Elastizität, Plastizität, (theor. Grundlagen)

Freudenthal, A. M.: Inelastisches Verhalten von Werkstoffen. (440 S.) Berlin 1955. — Meyersberg, G.: Größeneinfluß und Randeinfluß auf die Festigkeit der Werkstoffe. (123 S.) Göteborg 1952. — Pawlow, J. M.: Grundlagen der Metallverformung durch Druck. 2 Bde. (364/252 S.) Berlin 1954. — Prager, W. und G. Hodge: Theorie ideal plastischer Körper. Dtsche. Übers. (274 S.) New York/London 1951. — Prager, W.: Probleme der Plastizitätstheorie. (100 S.) Stuttgart/Basel 1955. — Sokolovskij, V. V.: Theorie der Plastizität. (484 S.) Berlin 1955. — Späth, W.: Fließen und Kriechen der Metalle. (160 S.) Berlin 1955. — Szabo, J.: Höhere technische Mechanik. (462 S.) Berlin 1956. — Werkstoffe I. Aufbau und Festigkeitsverhalten metallischer Werkstoffe. VDI-Sonderheft (88 S.) Düsseldorf 1953.—

Werkstoffprüfung

Berg, S.: Gestaltfestigkeit. (458 S.) Düsseldorf 1952. — Goerens, P.: Einführung in die Metallographie. (469 S.) 7. u. 8. Aufl. Halle 1948. — Hanke, E.: Prüfung metallischer Werkstoffe. (683 S.) Berlin 1954. — Malzew, M. W.: Röntgenographie der Metalle. (240 S.) Berlin 1955. — Matthaes, K.: Die Prüfung metallischer Werkstoffe. (210 S.) Berlin 1952. — Schottky, H.: Praktische Metallprüfung. Die metallographischen Prüfverfahren und ihre Anwendung. (232 S.) Braunschweig 1953. — Schumann, H.: Metallographie. (374 S.) Leipzig 1955. — Siebel, E.: Handbuch der Werkstoffprüfung. Bd. 1.: Prüf- und Meßeinrichtungen. (645 S.) Berlin 1940, Neuauflage in Vorbereitung. Bd. 2: Prüfung der metallischen Werkstoffe. (754 S.) Berlin 1955. — Vaupel, O.: Bild-Atlas für die zerstörungsfreie Materialprüfung. Bd. 1: Text, Bd. 2: Atlas, Berlin 1954. — v. Weingraber, H.: Technische Härtemessung. (338 S.) München 1952. — Materialprüfnormen für metallische Werkstoffe. DIN-Taschenbuch 19, Berlin 1953.

Sachverzeichnis

GESAMTVERZEICHNIS

SAMMLUNG GÖSCHEN

DAS WISSEN DER WELT IN KURZEN KLAREN, ALLGEMEINVERSTÄNDLICHEN EINZELDARSTELLUNGEN NACH DEN LEHRPLÄNEN DER DEUTSCHEN UNIVERSITÄTEN UND HOCHSCHULEN AUFGEBAUT

JEDER BAND DM 2,40

DOPPELBAND DM 4,80

STAND JANUAR 1956

WALTER DE GRUYTER & CO.
BERLIN W 35

INHALTSVERZEICHNIS

Geisteswissenschaften

Philosophie

Einführung in die Philosophie von *H. Leisegang*. 2. Auflage. 145 Seiten. 1953. Bd. 281

Erkenntnistheorie von *G. Kropp*. 1. Teil: Allgemeine Grundlegung. 143 Seiten. 1950 . . . . Bd. 807

Hauptprobleme der Philosophie von *G. Simmel†*. 7., unveränd. Auflage. 177 Seiten. 1950 . . . . Bd. 500

Geschichte der Philosophie

I: Die griechische Philosophie von *W. Capelle*. 1. Teil. Von Thales bis Leukippos. 2., erweiterte Auflage. 135 Seiten. 1953 . . . . Bd. 857

II: Die griechische Philosophie von *W. Capelle*. 2. Teil. Von der Sophistik bis zum Tode Platons. 2., stark erweiterte Auflage. 144 Seiten 1953 . . . . Bd. 858

III: Die griechische Philosophie von *W. Capelle*. 3. Teil. Vom Tode Platons bis zur Alten Stoa. 2., stark erweiterte Auflage. 132 Seiten. 1954 . . . . Bd. 859

IV: Die griechische Philosophie von *W. Capelle*. 4. Teil. Von der Alten Stoa bis zum Eklektizismus im 1. Jahrhundert v. Chr. 2., stark erweiterte Auflage. 132 Seiten. 1954 . . . . Bd. 863

V: Die Philosophie des Mittelalters von *J. Koch*. In Vorbereitung . . . . Bd. 826

VI: Von der Renaissance bis Kant von *K. Schilling*. 234 Seiten. 1954 . . . . Bd. 394/394a

VII: Immanuel Kant von *G. Lehmann*. In Vorbereitung. Bd. 536

VIII: Die Philosophie des 19. Jahrhunderts von *G. Lehmann*. 1. Teil. 151 Seiten. 1953 . . . . Bd. 571

IX: Die Philosophie des 19. Jahrhunderts von *G. Lehmann*. 2. Teil. 168 Seiten. 1953 . . . . Bd. 709

X: Die Philosophie im ersten Drittel des 20. Jahrhunderts von *G. Lehmann*. In Vorbereitung . . . . . . Bd. 845

Die geistige Situation der Zeit (1931) von *K. Jaspers*. 3., unveränderter Abdruck der 1932 bearbeiteten 5. Auflage. 211 Seiten. 1953. Zur Zeit nur Ganzleinen DM 4,80 Bd. 1000

Philosophisches Wörterbuch von *M. Apel †*. 4., unveränderte Auflage. 260 Seiten. 1953 . . . . Bd. 1031

Philosophische Anthropologie von *M. Landmann*. 266 Seiten. 1955 . . . . Bd. 156/156a

Pädagogik · Psychologie · Soziologie

Geschichte der Pädagogik von *H. Weimer*. 11., neubearbeitete und vermehrte Auflage. 176 Seiten. 1954 . . . . Bd. 145

Therapeutische Psychologie. Freud — Adler — Jung von *W. M. Kranefeldt*. Mit einer Einführung von *C. G. Jung*. 2. Auflage. 152 Seiten. 1950 . . . . Bd. 1034

Sozialpsychologie von *P. R. Hofstätter*. 1956. In Vorbereitung Bd. 104/104a

Psychologie des Berufs- und Wirtschaftslebens von *W. Moede*. 1956. In Vorbereitung . . . . Bd. 851

Soziologie. Geschichte und Hauptprobleme von *L. von Wiese*. 5. Auflage. 162 Seiten. 1954 . . . . Bd. 101

Industrie- und Betriebssoziologie von *R. Dahrendorf*. 118 Seiten. 1956 . . . . Bd. 103

Religionswissenschaften

Jesus von *M. Dibelius †*. 2. Auflage. Unveränderter Nachdruck. 137 Seiten. 1949 . . . . Bd. 1130

Paulus von *M. Dibelius †*. Nach dem Tode des Verfassers herausgegeben und zu Ende geführt von *W. G. Kümmel*. 2. Auflage. 155 Seiten. 1956 . . . . Bd. 1160

Musik

Musikästhetik von *H. J. Moser*. 180 Seiten. 1953 . . . . Bd. 344

Systematische Modulation von *R. Henried*. 2. Auflage. 136 Seiten. 1950 . . . . Bd. 1094

Der polyphone Satz von *E. Pepping*. 1. Teil: Der cantus-firmus-Satz. 2. Auflage. 223 Seiten. 1950 . . . . Bd. 1148

Harmonielehre von *H. J. Moser*.
I: 109 Seiten. 1954 . . . . Bd. 809

Technik der deutschen Gesangskunst von *H. J. Moser*. Dritte, durchges. u. verbesserte Auflage. 144 Seiten mit 5 Fig. 1954 . . . . Bd. 576/576a

Die Kunst des Dirigierens von *H. W. von Waltershausen †*. 2. Auflage. 138 Seiten. 1954 . . . . Bd. 1147

Die Technik des Klavierspiels aus dem Geiste des musikalischen Kunstwerkes von *K. Schubert †*. 3. Auflage. 110 Seiten. 1954 . . . . Bd. 1045

Die Musik des 19. Jahrhunderts von *W. Oehlmann*. 180 Seiten. 1953 . . . . Bd. 170

Allgemeine Musiklehre von *H. J. Moser*.
2., durchges. Auflage. 155 Seiten. 1955 . . . . . Bd. 220/220a

Kunst

Stilkunde von *H. Weigert*.
I: Vorzeit, Antike, Mittelalter. 2. Auflage. 136 Seiten. Mit 94 Abbildungen. 1953 . . . . Bd. 80
II: Spätmittelalter und Neuzeit. 2. Auflage. 146 Seiten. Mit 84 Abbildungen. 1953 . . . . Bd. 781

Archäologie von *A. Rumpf*.
I: Einleitung, historischer Überblick. 143 Seiten mit 6 Abbildungen im Text und 12 Tafeln. 1953 . . . . . Bd. 538
II: Die Archäologensprache. Die antiken Reproduktionen. 136 Seiten mit 7 Abbildungen im Text und 12 Tafeln. 1956 . . . . Bd. 539

Geschichte

Einführung in die Geschichtswissenschaft von *P. Kirn*. 2. Auflage. 121 Seiten. 1952 . . . . Bd. 270

Kultur der Urzeit von *F. Behn*. 4. Auflage der „Kultur der Urzeit". Band I—III von *M. Hoernes*.
I: Die vormetallischen Kulturen. (Die Steinzeiten Europas. Gleichartige Kulturen in anderen Erdteilen). 172 Seiten mit 48 Abbildungen. 1950 . . . . Bd. 564
II: Die älteren Metallkulturen. (Der Beginn der Metallbenutzung. Kupfer- und Bronzezeit in Europa, im Orient und in Amerika). 160 Seiten mit 67 Abbildungen. 1950 Bd. 565
III: Die jüngeren Metallkulturen. (Das Eisen als Kulturmetall. Hallstatt-Latène-Kultur in Europa. Das erste

Auftreten des Eisens in den anderen Erdteilen). 149 Seiten mit 60 Abbildungen. 1950 . . . . Bd. 566

Vorgeschichte Europas von *F. Behn*. Völlig neue Bearbeitung der 7. Auflage der „Urgeschichte der Menschheit" von *M. Hoernes*. 125 Seiten mit 47 Abbildungen. 1949 . . Bd. 42

Von den Karolingern zu den Staufern von *J. Haller*. Die altdeutsche Kaiserzeit (900—1250). 3. Auflage. 141 Seiten mit 4 Karten. 1944 . . . . Bd. 1065

Deutsche Geschichte im Zeitalter der Reformation, der Gegenreformation und des 30jährigen Krieges von *F. Hartung*. 129 Seiten. 1951 . . . . Bd. 1105

Deutsche Geschichte von 1648 bis zur Gegenwart von *W. Treue* (4 Bände). In Vorbereitung . . . . Bd. 35

Quellenkunde der deutschen Geschichte im Mittelalter (bis zur Mitte des 15. Jahrhunderts) von *K. Jacob †*.

I: Einleitung. Allgemeiner Teil. Die Zeit der Karolinger. 5. Auflage. 118 Seiten. 1949 . . . . Bd. 279

II: Die Kaiserzeit (911—1250). 4. Auflage. 127 Seiten. 1949 . . . . Bd. 280

III: Das Spätmittelalter (vom Interregnum bis 1500). Unter Verwendung der Hinterlassenschaft herausgegeben von *F. Weden*. 152 Seiten. 1952 . . . . Bd. 284

Badische Geschichte von *A. Krieger*. 137 Seiten. 1921 . . . Bd. 230

Geschichte Englands von *H. Preller*.

I: bis 1815. 3., stark umgearbeitete Auflage. 135 Seiten mit 7 Stammtafeln und 2 Karten im Text. 1952. . . . Bd. 375

II: von 1815 bis 1910. 2., völlig umgearb. Auflage. 118 S. mit 1 Stammtafel und 7 Karten im Text. 1954 . . Bd. 1088

Geschichte der Vereinigten Staaten von Amerika von *O. Graf zu Stolberg-Wernigerode*. 192 Seiten mit 10 Karten im Text. 1956. . . . . Bd. 1051/1051a

Deutsche Sprache und Literatur

Deutsches Rechtschreibungswörterbuch von *M. Gottschald*. 2., verbesserte Auflage. 269 Seiten. 1953 . . . . Bd. 200/200a

Deutsche Wortkunde von *A. Schirmer*. Eine kulturgeschichtliche Betrachtung des deutschen Wortschatzes. 3., durchgesehene Auflage. 109 Seiten. 1949 . . . . . Bd. 929

Deutsche Sprachlehre von *W. Hofstaetter*. 9., neubearbeitete Auflage von *G. Spree*. 144 Seiten. 1953 . . . . Bd. 20

Stimmkunde für Beruf, Kunst und Heilzwecke von *H. Biehle*. 111 Seiten. 1955 . . . . Bd. 60

Redetechnik von *H. Biehle*. Einführung in die Rhetorik. 115 Seiten. 1954 . . . . Bd. 61

Sprechen und Sprachpflege von *H. Feist*. (Die Kunst des Sprechens). 2., verbesserte Auflage. 99 Seiten mit 25 Abbildungen. 1952 . . . . Bd. 1122

Der Nibelunge Nôt in Auswahl mit kurzem Wörterbuch von *K. Langosch*. 9., umgearbeitete Auflage. 164 Seiten. 1953 Bd. 1

Deutsches Dichten und Denken von der germanischen bis zur staufischen Zeit von *H. Naumann*. (Deutsche Literaturgeschichte vom 5.—13. Jahrhundert). 2., verbesserte Auflage. 166 Seiten. 1952 . . . . Bd. 1121

Deutsches Dichten und Denken vom Mittelalter zur Neuzeit von *G. Müller* (1270—1700). 2., durchgesehene Auflage. 159 Seiten. 1949 . . . . Bd. 1086

Die deutschen Personennamen von *M. Gottschald*. 2., verbesserte Auflage. 151 Seiten. 1955 . . . . Bd. 422
Althochdeutsches Elementarbuch von *H. Naumann †* und *W. Betz*. 2. Auflage. 156 Seiten. 1954. . . . . Bd. 1111
Mittelhochdeutsche Grammatik von *H. de Boor* und *R. Wisniewski*. 139 Seiten. 1956 . . . . Bd. 1108

Indogermanisch · Germanisch

Gotisches Elementarbuch von *H. Hempel*. Grammatik, Texte mit Übersetzung und Erläuterungen. 2., umgearbeitete Auflage. 165 Seiten. 1953 . . . . Bd. 79
Germanische Sprachwissenschaft von *H. Krahe*.
I: Einleitung und Lautlehre. 3. Auflage. In Vorbereitung Bd. 238
II: Formenlehre. 2. Auflage. 140 Seiten .1948 . . . . . Bd. 780
Altnordisches Elementarbuch von *F. Ranke*. Schrifttum, Sprache, Texte mit Übersetzung und Wörterbuch. 2., durchgesehene Auflage. 146 Seiten. 1949 . . . . Bd. 1115

Englisch · Französisch · Italienisch

Altenglisches Elementarbuch von *M. Lehnert*. Einführung, Grammatik, Texte mit Übersetzung und Wörterbuch. 3., verbesserte Auflage. 178 Seiten. 1955 . . . . . . Bd. 1125
Historische neuenglische Laut- und Formenlehre von *E. Ekwall*. 3., durchgesehene Auflage. 150 Seiten. 1956 . . Bd. 735
Englische Literaturgeschichte.
I: Die alt- und mittelenglische Periode von *F. Schubel*. 163 Seiten. 1954 . . . . Bd. 1114
II: Von der Renaissance bis zur Aufklärung von *Paul Meissner †*. 139 Seiten. 1937 . . . . Bd. 1116
III: Romantik und Viktorianismus von *Paul Meissner †*. 150 Seiten. 1938 . . . . Bd. 1124
IV: Das 20. Jahrhundert von *Paul Meissner †*. 150 Seiten. 1939 . . . . Bd. 1136
Beowulf von *M. Lehnert*. Eine Auswahl mit Einführung, teilweiser Übersetzung, Anmerkungen und etymologischem Wörterbuch. 2., verbesserte Auflage. 135 Seiten. 1949 Bd. 1135
Shakespeare von *P. Meissner †*. 2. Auflage, neubearbeitet von *M. Lehnert*. 136 Seiten. 1954 . . . . Bd. 1142
Romanische Sprachwissenschaft von *H. Lausberg*.
I: Einleitung und Vokalismus. 160 Seiten. 1956 . . Bd. 128/128a
II: Konsonantismus. 95 Seiten. 1956 . . . . Bd. 250
Italienische Literaturgeschichte von *K. Vossler †*. Unveränderter Nachdruck der 1927 erschienenen 4., durchgesehenen und verbesserten Auflage. 148 Seiten. 1948 Bd. 125

Griechisch · Lateinisch

Griechische Sprachwissenschaft von *W. Brandenstein*.
I: Einleitung, Lautsystem, Etymologie. 160 Seiten. 1954 Bd. 117
II: In Vorbereitung . . . . Bd. 118
Geschichte der griechischen Sprache
I: Bis zum Ausgang der klassischen Zeit. Von *O. Hoffmann †*. 3., umgearbeitete Auflage von *A. Debrunner*. 156 Seiten. 1954 . . . . Bd. 111
II: Grundfragen und Grundzüge d. nachklass. Griechisch. Von *A. Debrunner*. 144 Seiten. 1954 . . . . Bd. 114

Geschichte der griechischen Literatur von *W. Nestle.* 2., verbesserte Auflage.
I: Von den Anfängen bis auf Alexander d. Gr. 148 Seiten. 1950 . . . . Bd. 70
II: Von Alexander d. Gr. bis zum Ausgang der Antike. 128 Seiten. 1948 . . . . Bd. 557

Geschichte der lateinischen Sprache von *F. Stolz †.* 3., stark umgearbeitete Auflage von *A. Debrunner.* 136 Seiten. 1953 . . . . Bd. 492

Hebräisch · Sanskrit · Russisch

Hebräische Grammatik von *G. Beer †.* 2., völlig neubearbeitete Auflage von *R. Meyer.*
I: Schrift-, Laut- und Formenlehre I. 157 Seiten. 1952. Bd. 763/763a
II: Schrift-, Laut- und Formenlehre II. 195 Seiten. 1955 . . . . Bd. 764/764a

Sanskrit-Grammatik von *M. Mayrhofer.* 89 Seiten. 1953 . . Bd. 1158

Russische Grammatik von *G. Berneker.* 6., unveränderte Auflage von *M. Vasmer.* 155 Seiten. 1947 . . . . Bd. 66

Erd- und Länderkunde

Afrika von *F. Jaeger.* Ein geographischer Überblick. 2., umgearbeitete Auflage.
I: Der Lebensraum. 179 Seiten mit 18 Abbildungen. 1954 Bd. 910
II: Mensch und Kultur. 155 Seiten mit 6 Abbildungen. 1954 Bd. 911

Iberoamerika von *O. Quelle.* In Vorbereitung . . . . Bd. 856

Australien und Ozeanien von *H. J. Krug.* 176 Seiten mit 46 Skizzen. 1953 . . . . Bd. 319

Kartenkunde von *M. Eckert-Greifendorff †.* 3., durchgesehene Auflage von *W. Kleffner.* 149 Seiten mit 63 Abb. 1950 Bd. 30

Volkswirtschaft · Publizistik

Allgemeine Betriebswirtschaftslehre von *K. Mellerowicz.* 9., unveränderte Auflage. 1956.
I: 142 Seiten . . . . Bd. 1008
II: 112 Seiten. Bd. 1153
III: 143 Seiten. Bd. 1154

Allgemeine Volkswirtschaftslehre von *A. Paulsen.*
I: Grundlegung, Wirtschaftskreislauf. 138 Seiten mit 11 Abbildungen. 1956 . . . . Bd. 1169
II: Haushalte, Unternehmungen, Marktformen. In Vorbereitung . . . . Bd. 1170
III: Produktionsfaktoren, Geldwesen. In Vorbereitung . . Bd. 1171
IV: Konjunktur, Außenhandel, staatliche Aktivität. In Vorbereitung . . . . Bd. 1172

Zeitungslehre von *E. Dovifat.* 3., neubearbeitete Auflage. 1955.
I: Theoretische und rechtliche Grundlagen, Nachricht und Meinung, Sprache und Form. 148 Seiten. 1955 . . . . Bd. 1039
II: Redaktion, Die Sparten, Verlag und Vertrieb, Wirtschaft und Technik, Sicherung der öffentlichen Aufgabe. 158 Seiten. 1955 . . . . Bd. 1040

Naturwissenschaften

Mathematik

Geschichte der Mathematik von *J. E. Hofmann.*
I: Von den Anfängen bis zum Auftreten von Fermat und Descartes. 200 Seiten. 1953 . . . . Bd. 226
Mathematische Formelsammlung von *F. Ringleb.* Vollständig umgearbeitete Neuausgabe des Werkes von *O. Th. Bürklen.* 6., durchgesehene Aufl. 274 Seiten mit 57 Figuren. 1956. In Vorbereitung . . . . Bd. 51
Fünfstellige Logarithmen von *A. Adler.* Mit mehreren graphischen Rechentafeln und häufig vorkommenden Zahlwerten. 2. Auflage. Neudruck. 127 Seiten mit 1 Tafel. 1949 . . . . Bd. 423
Höhere Algebra von *H. Hasse.* 3., verbesserte Auflage.
I: Lineare Gleichungen. 152 Seiten. 1951 . . . . Bd. 931
II: Gleichungen höheren Grades. 158 Seiten mit 5 Figuren. 1951 . . . . Bd. 932
Aufgabensammlung zur höheren Algebra von *H. Hasse* und *W. Klobe.* 2., verbesserte und vermehrte Auflage. 181 Seiten. 1952 . . . . Bd. 1082
Elementare und klassische Algebra vom modernen Standpunkt von *W. Krull.* 2., erweiterte Auflage.
I: 136 Seiten. 1952 . . . . Bd. 930
Einführung in die Zahlentheorie von *A. Scholz †.* 2. Auflage, überarbeitet von *B. Schoeneberg.* 128 Seiten. 1955 . . . Bd. 1131
Elemente der Funktionentheorie von *K. Knopp.* 4. Auflage. 144 Seiten mit 23 Fig. 1955 . . . . Bd. 1109
Funktionentheorie von *K. Knopp.* 8. Auflage.
I: Grundlagen der allgemeinen Theorie der analytischen Funktionen. 139 Seiten mit 8 Fig. 1955 . . . . Bd. 668
II: Anwendungen und Weiterführung der allgemeinen Theorie. 130 Seiten mit 7 Fig. 1955 . . . . Bd. 703
Aufgabensammlung zur Funktionentheorie von *K. Knopp.* 4. Auflage.
I: Aufgaben zur elementaren Funktionentheorie. 135 Seiten. 1949 . . . . Bd. 877
II: Aufgaben zur höheren Funktionentheorie. 151 Seiten. 1949 . . . . Bd. 878
Repetitorium und Aufgabensammlung zur Differentialrechnung von *A. Witting †.* 2., neubearbeitete Auflage. Durchgesehener Neudruck. 145 Seiten. 1949 . . . . Bd. 146
Repetitorium und Aufgabensammlung zur Integralrechnung von *A. Witting †.* 2., neubearbeitete Auflage. Durchgesehener Neudruck. 121 Seiten mit 32 Figuren und 309 Beispielen. 1949 . . . . Bd. 147
Gewöhnliche Differentialgleichungen von *G. Hoheisel.* 4., neubearbeitete Auflage. 129 Seiten. 1951 . . . . Bd. 920
Partielle Differentialgleichungen von *G. Hoheisel.* 3., neubearbeitete Auflage. 130 Seiten. 1953 . . . . Bd. 1003
Aufgabensammlung zu den gewöhnlichen und partiellen Differentialgleichungen von *G. Hoheisel.* 2., umgearbeitete Auflage. 124 Seiten. 1952 . . . . Bd. 1059
Mengenlehre von *E. Kamke,* 3., neubearbeitete Auflage. 194 Seiten mit 6 Figuren. 1955 . . . . Bd. 999/999a

Darstellende Geometrie von *W. Haack.*
I: Die wichtigsten Darstellungsmethoden. Grund- und Aufriß ebenflächiger Körper. 110 Seiten mit 117 Abbildungen. 1954 . . . . Bd. 142
II: Körper mit krummen Begrenzungsflächen. Kotierte Projektionen. 129 Seiten mit 86 Abbildungen. 1954 . . Bd. 143
III: Axonometrie. Perspektive. Photogrammetrie. In Vorbereitung . . . . Bd. 144
Sammlung von Aufgaben und Beispielen zur analytischen Geometrie der Ebene von *R. Haussner †.* Mit den vollständigen Lösungen. 139 Seiten mit 22 Figuren im Text. Neudruck. 1949 . . . . Bd. 256
Nichteuklidische Geometrie von *R. Baldus †.* Hyperbolische Geometrie der Ebene. 3., verbesserte Auflage, durchgesehen und herausgegeben von *F. Löbell.* 140 Seiten mit 70 Figuren im Text. 1953 . . . . Bd. 970
Differentialgeometrie von *K. Strubecker* (früher Rothe).
I: Kurventheorie der Ebene und des Raumes. 150 Seiten mit 18 Figuren. 1955 . . . . Bd. 1113/1113a
Einführung in die konforme Abbildung von *L. Bieberbach.* 4. Auflage. 147 Seiten mit 42 Zeichnungen. 1949 . . . Bd. 768
Vektoranalysis von *S. Valentiner.* Neudruck der 7. Auflage (1950). 138 Seiten mit 19 Figuren. 1954 . . . . . . Bd. 354
Vermessungskunde von *P. Werkmeister.*
I: Stückmessung und Nivellieren. 9. Auflage. 165 Seiten mit 145 Figuren. 1949 . . . . Bd. 468
II: Messung von Horizontalwinkeln. Festlegung von Punkten im Koordinatensystem. Absteckungen. 7. Auflage. 151 Seiten mit 93 Figuren. 1949 . . . . Bd. 469
III: Trigonometrische und barometrische Höhenmessung. Tachymetrie und Topographie. 6. Auflage. 147 Seiten mit 64 Figuren. 1949 . . . . Bd. 862
Versicherungsmathematik von *F. Böhm.*
I: Elemente der Versicherungsrechnung. 3., vermehrte und verbesserte Auflage. Durchgesehener Neudruck. 151 Seiten. 1954 . . . . Bd. 180
II: Lebensversicherungsmathematik. Einführung in die technischen Grundlagen der Sozialversicherung. 2., verbesserte Auflage. 205 Seiten. 1953 . . . . Bd. 917/917a

Physik

Einführung in die theoretische Physik von *W. Döring.*
I: Mechanik. 119 Seiten mit 29 Abbildungen. 1954 . . Bd. 76
II: Das elektromagnetische Feld. 123 Seiten mit 15 Abbildungen. 1955 . . . . Bd. 77
III: Optik. 117 Seiten mit 32 Abbildungen. 1956 . . . . Bd. 78
IV: Thermodynamik. Mit 9 Abbildungen. In Vorbereitung Bd. 374
Atomphysik von *K. Bechert* u. *Ch. Gerthsen.* 3., umgearb. Aufl.
I: Allgemeine Grundlagen. I. Teil von *Ch. Gerthsen.* 123 Seiten mit 35 Abbildungen. 1955. . . . . Bd. 1009
II: Allgemeine Grundlagen. II. Teil von *Ch. Gerthsen.* 112 Seiten mit 48 Abbildungen. 1955. . . . . Bd. 1033
III: Theorie des Atombaus. I. Teil von *K. Bechert.* 148 Seiten mit 16 Abbildungen. 1954 . . . . . Bd. 1123/1123a
IV: Theorie des Atombaus. 2. Teil von *K. Bechert.* 170 Seiten mit 14 Abbildungen. 1954 . . . . Bd. 1165/1165a

Differentialgleichungen der Physik von *F. Sauter*. 2. Auflage. 148 Seiten mit 16 Figuren. 1950 . . . . Bd. 1070

Physikalische Formelsammlung von *G. Mahler* und *K. Mahler*. 9., durchgesehene Auflage. 153 Seiten mit 69 Figuren. 1955 . . . . Bd. 136

Physikalische Aufgabensammlung von *G. Mahler* u. *K. Mahler*. Mit den Ergebnissen. 8., durchgesehene Auflage. 127 Seiten. 1955 . . . . Bd. 243

Chemie

Geschichte der Chemie von *G. Lockemann*. In kurzgefaßter Darstellung.

I: Vom Altertum bis zur Entdeckung des Sauerstoffs. 142 Seiten mit 8 Bildnissen. 1950 . . . . Bd. 264

II: Von der Entdeckung des Sauerstoffs bis zur Gegenwart. 151 Seiten mit 16 Bildnissen. 1955 . . . . Bd. 265/265a

Anorganische Chemie von *W. Klemm*. 8. Auflage. 184 Seiten mit 18 Abbildungen. 1954 . . . . Bd. 37

Organische Chemie von *W. Schlenk*. 6., erweiterte Auflage. 263 Seiten. 1954 . . . . Bd. 38/38a

Allgemeine und physikalische Chemie von *W. Schulze*. 4., neubearbeitete Auflage.

I: 139 Seiten mit 10 Figuren. 1955 . . . . Bd. 71

II: 177 Seiten mit 37 Figuren. 1956 . . . . Bd. 698/698a

III: 1956. In Vorbereitung . . . . Bd. 786

Analytische Chemie von *J. Hoppe*. 5., verbesserte Auflage.

I: Reaktionen. 135 Seiten. 1950 . . . . Bd. 247

II: Gang der qualitativen Analyse. 166 Seiten. 1950 . . Bd. 248

Maßanalyse von *G. Jander* und *K. J. Jahr*. Theorie und Praxis der klassischen und der elektrochemischen Titrierverfahren. 7. Auflage.

I: Grundlagen. Oxydations- und Reduktionsanalysen. In Vorbereitung . . . . Bd. 221

II: Neutralisations- und Fällungsanalysen. In Vorbereitung Bd. 1002

III: Komplexometrie. Konduktometrie. Potentiometrie. In Vorbereitung . . . . Bd. 1004

Thermochemie von *W. A. Roth*. 2., verbesserte Auflage. 109 Seiten mit 16 Figuren. 1952 . . . . Bd. 1057

Physikalisch-chemische Rechenaufgaben von *E. Asmus*. 2. Auflage. 96 Seiten. 1949 . . . . Bd. 445

Stöchiometrische Aufgabensammlung von *W. Bahrdt* und *R. Scheer*. Mit den Ergebnissen. 5., verbesserte Auflage. 120 Seiten. 1952 . . . . Bd. 452

Elektrochemie und ihre physikalisch-chemischen Grundlagen von *A. Dassler*.

I: 149 Seiten mit 21 Abbildungen. 1950. . . . . Bd. 252

II: 178 Seiten mit 17 Abbildungen. 1950. . . . . Bd. 253

Technologie

Warenkunde von *K. Hassak†* und *E. Beutel†*. 7. Auflage. Neubearbeitet von *A. Kutzelnigg*.

I: Anorganische Waren sowie Kohle und Erdöl. 116 Seiten mit 19 Figuren. 1947 . . . . Bd. 222

II: Organische Waren. 143 Seiten mit 32 Figuren. 1949 . Bd. 223

Die Fette und Öle von *K. Braun†*. 5., völlig neubearbeitete und verbesserte Auflage von *Th. Klug*. 145 Seiten. 1950 Bd. 335

Die Seifenfabrikation von *K. Braun†*. 3., neubearbeitete und verbesserte Auflage von *Th. Klug*. 116 Seiten mit 18 Abbildungen. 1953 . . . . Bd. 336

Textilindustrie.

I: Spinnerei und Zwirnerei von *A. Blümcke*. 112 Seiten mit 43 Abbildungen. 1954 . . . . Bd. 184

Biologie

Einführung in die allgemeine Biologie von *M. Hartmann*. In Vorbereitung . . . . Bd. 96

Hormone von *G. Koller*. 2., neubearbeitete und erweiterte Auflage. 187 Seiten mit 60 Abb. und 19 Tabellen. 1949 . Bd. 1141

Fortpflanzung im Tier- und Pflanzenreich von *J. Hämmerling*. 2., ergänzte Auflage. 135 Seiten mit 101 Abb. 1951 . Bd. 1138

Geschlecht und Geschlechtsbestimmung im Tier- und Pflanzenreich von *M. Hartmann*. 2., verbesserte Auflage. 116 Seiten mit 61 Abbildungen und 7 Tabellen. 1951. . Bd. 1127

Grundriß der allgemeinen Mikrobiologie von *W. Schwartz*.

I: 104 Seiten mit 17 Abbildungen. 1949. . . . . Bd. 1155

II: 93 Seiten mit 12 Abbildungen. 1949. . . . . Bd. 1157

Symbiose der Tiere mit pflanzlichen Mikroorganismen von *P. Buchner*. 2., verbesserte und vermehrte Auflage. 130 Seiten mit 121 Abbildungen. 1949 . . . . Bd. 1128

Botanik

Entwicklungsgeschichte des Pflanzenreiches von *H. Heil*. 2. Auflage. 138 Seiten mit 94 Abbildungen und 1 Tabelle. 1950 Bd. 1137

Morphologie der Pflanzen von *L. Geitler*. 3. Auflage. 126 Seiten mit 114 Abbildungen. 1953 . . . . Bd. 141

Pflanzenzüchtung von *H. Kuckuck*. 3., völlig umgearbeitete Auflage.

I: Grundzüge der Pflanzenzüchtung. 132 Seiten mit 22 Abbildungen. 1952 . . . . Bd. 1134

Die Laubhölzer von *F. W. Neger†* und *E. Münch†*. Kurzgefaßte Beschreibung der in Mitteleuropa gedeihenden Laubbäume und Sträucher. 3., durchgesehene Auflage, herausgegeben von *B. Huber*. 143 Seiten mit 63 Figuren und 7 Tabellen. 1950 . . . . Bd. 718

Die Nadelhölzer (Koniferen) und übrigen Gymnospermen von *F. W. Neger†* und *E. Münch†*. 4. Auflage. Durchgesehen und ergänzt von *B. Huber*. 140 Seiten mit 75 Figuren, 4 Tabellen und 3 Karten. 1952 . . . . Bd. 355

Zoologie

Entwicklungsphysiologie der Tiere von *F. Seidel*.

I: Ei und Furchung. 126 Seiten mit 29 Abbildungen. 1953 . . . . Bd. 1162

II: Körpergrundgestalt und Organbildung. 159 Seiten mit 42 Abbildungen. 1953 . . . . Bd. 1163

Das Tierreich.

Fische von *D. Lüdemann*. 130 Seiten mit 65 Abbildungen. 1955 . . . . Bd. 356

Insekten von *H. von Lengerken*. 128 Seiten mit 58 Abbildungen. 1953 . . . . Bd. 594

Lurche von *K. Herter*. 140 Seiten mit 129 Abbild. 1955 Bd. 847
Spinnentiere von *A. Kaestner*. 96 S. mit 55 Abb. 1955 Bd. 1161
Würmer von *S. Jaeckel*. 112 Seiten mit 36 Abbild. 1955 Bd. 439
Weichtiere von *S. Jaeckel*. 92 Seiten mit 34 Abbildungen. 1954 . . . . Bd. 440
Stachelhäuter von *S. Jaeckel*. 100 Seiten mit 46 Abbildungen. 1955 . . . . Bd. 441
Schwämme und Hohltiere von *H. J. Hannemann*. 95 Seiten mit 80 Abbildungen. 1956 . . . . Bd. 442
Krebse von *H. E. Gruner* und *K. Deckert*. Mit 43 Abbildungen. 1956. In Vorbereitung . . . . Bd. 443
Protozoa von *E. Reichenow*. 1956. In Vorbereitung Bd. 444

Vergleichende Physiologie der Tiere von *K. Herter*. 3. Auflage der „Tierphysiologie".
I: Stoff- und Energiewechsel. 155 Seiten mit 64 Abbild. 1950 . . . . Bd. 972
II: Bewegung und Reizerscheinungen. 148 Seiten mit 110 Abbildungen. 1950 . . . . Bd. 973

Land- und Forstwirtschaft

Landwirtschaftliche Tierzucht von *H. Vogel*. Die Züchtung und Haltung der landwirtschaftlichen Nutztiere. 139 Seiten mit 11 Abbildungen. 1952 . . . . Bd. 228

Kulturtechnische Bodenverbesserungen von *O. Fauser*. 4., neubearbeitete Auflage.
I: Allgemeines, Entwässerung. 122 Seiten mit 47 Abbildungen. 1947 . . . . Bd. 691
II: Bewässerung, Ödlandkultur, Umlegung. 150 Seiten mit 67 Abbildungen. 1949 . . . . Bd. 692

Agrikulturchemie von *K. Scharrer*.
I: Pflanzenernährung. 143 Seiten. 1953 . . . . Bd. 329
II: Futtermittelkunde. 1956. In Vorbereitung . . . . . Bd. 330

Geologie · Mineralogie · Kristallographie

Kristallographie von *W. Bruhns †* und *P. Ramdohr*. 4. Auflage. 106 Seiten mit 163 Abbildungen. 1954 . . . . Bd. 210

Einführung in die Kristalloptik von *E. Buchwald*. 4., verbess. Auflage. 138 Seiten mit 121 Figuren. 1952 . . . . . Bd. 619

Lötrohrprobierkunde von *M. Henglein*. Mineraldiagnose mit Lötrohr- und Tüpfelreaktion. 3., verbesserte Auflage. 91 Seiten mit 11 Figuren. 1949 . . . . Bd. 483

Mineral- und Erzlagerstättenkunde von *H. Huttenlocher †*.
I: 128 Seiten mit 34 Abbildungen. 1954. . . . . Bd. 1014
II: 156 Seiten mit 48 Abbildungen. 1954. . . . . Bd. 1015/1015a

Allgemeine Mineralogie von *R. Brauns †* und *K. F. Chudoba*. 9., erweiterte Auflage der „Mineralogie" von *Brauns-Chudoba*. 104 Seiten mit 107 Figuren, 1 Tafel, 2 Tabellen. 1955 . . . . Bd. 29

Spezielle Mineralogie von *R. Brauns †* und *K. F. Chudoba*. 9., erweiterte Auflage der „Mineralogie" von *Brauns-Chudoba*. 133 Seiten mit 105 Figuren. 1955 . . . . . . Bd. 31

Petrographie. Von *W. Bruhns †* und *P. Ramdohr*. 4., durchgesehene Auflage. 104 Seiten mit 10 Figuren. 1955 . . Bd. 173

Geologie von *F. Lotze*. 176 Seiten mit 80 Abbildungen. 1955 . . Bd. 13

Technik

Elektrotechnik

Grundlagen der Elektrotechnik von *O. Mohr*. 2 Bände. In Vorbereitung . . . . Bd. 196/197

Die Gleichstrommaschine von *K. Humburg*. Durchgesehener Neudruck.
I: 102 Seiten mit 59 Abbildungen. 1949. . . . . Bd. 257
II: 98 Seiten mit 38 Abbildungen. 1949 . . . . Bd. 881

Die synchrone Maschine von *K. Humburg*. Neudruck. 109 Seiten mit 78 Bildern. 1951 . . . . Bd. 1146

Induktionsmaschinen von *F. Unger*. 2., erweiterte Auflage. 142 Seiten mit 49 Abbildungen. 1954. . . . . Bd. 1140

Die komplexe Berechnung von Wechselstromschaltungen von *H. H. Meinke*. 160 Seiten mit 114 Abbildungen. 1949 . Bd. 1156

Theoretische Grundlagen zur Berechnung der Schaltgeräte von *F. Kesselring*. 3. Auflage. 144 Seiten mit 92 Abbildungen. 1950 . . . . Bd. 711

Einführung in die Technik selbsttätiger Regelungen von *W. zur Megede*. 1956. In Vorbereitung . . . . Bd. 714/714a

Elektromotorische Antriebe (Grundlagen für die Berechnung) von *A. Schwaiger*. 3., neubearbeitete Auflage. 96 Seiten mit 34 Abbildungen. 1952 . . . . Bd. 827

Technische Tabellen und Formeln von *W. Müller*. 4., verbesserte und erweiterte Auflage von *E. Schulze*. 152 Seiten mit 105 Figuren. 1951 . . . . Bd. 579

Überspannungen und Überspannungsschutz von *G. Frühauf*. Durchgesehener Neudruck. 122 Seiten mit 98 Abbildungen. 1950 . . . . Bd. 1132

Maschinenbau

Metallkunde. Einführendes über Aufbau, Eigenschaften und Untersuchung von Metallen und Legierungen sowie über Grundlagen des Schmelzens, des Gießens, des Verformens, der Wärmebehandlung, der Oberflächenbehandlung, der Verbinde- und Trennarbeiten von *H. Borchers*.
I: Aufbau der Metalle und Legierungen. 3. Auflage. 1956. In Vorbereitung . . . . Bd. 432
II: Eigenschaften. Grundzüge der Form- und Zustandsgebung. 2. Auflage. 154 Seiten mit 8 Tabellen und 100 Abbildungen. 1952 . . . . Bd. 433

Die Werkstoffe des Maschinenbaues von *A. Thum* und *C. M. Freiherr von Meysenbug*.
I: 1956. In Vorbereitung . . . . Bd. 476

Dynamik von *W. Müller*. 2., verbesserte Auflage.
I: Dynamik des Einzelkörpers. 128 Seiten mit 48 Figuren. 1952 . . . . Bd. 902
II: Systeme von starren Körpern. 102 Seiten mit 41 Figuren. 1952 . . . . Bd. 903

Technische Schwingungslehre von *L. Zipperer*. 2., neubearbeitete Auflage.

I: Allgemeine Schwingungsgleichungen, einfache Schwinger. 120 Seiten mit 101 Abbildungen. 1953 . . . . . Bd. 953
II: Torsionsschwingungen in Maschinenanlagen. 102 Seiten mit 59 Abbildungen. 1955 . . . . Bd. 961/961a

Transformatoren von *W. Schäfer*. 2. Auflage mit 74 Abbildungen. 1956. In Vorbereitung . . . . Bd. 952

Werkzeugmaschinen für Metallbearbeitung von *K. P. Matthes*.
I: 110 Seiten mit 27 Abbildungen, 11 Zahlentafeln im Text und 1 Tafelanhang. 1954 . . . . Bd. 561
II: Fertigungstechnische Grundlagen der neuzeitlichen Metallbearbeitung. 101 Seiten mit 30 Abbildungen und 5 Tafeln im Text. 1955 . . . . Bd. 562

Die Maschinenelemente von *E. A. vom Ende*. 3., verbesserte Auflage. Mit 175 Figuren und 9 Tafeln. 1956. In Vorbereitung . . . . Bd. 3

Das Maschinenzeichnen mit Einführung in das Konstruieren von *W. Tochtermann*. 4. Auflage.
I: Das Maschinenzeichnen. 156 Seiten mit 77 Tafeln. 1950 Bd. 589
II: Ausgeführte Konstruktionsbeispiele. 130 Seiten mit 58 Tafeln. 1950 . . . . Bd. 590

Getriebelehre von *P. Grodzinski*. 2., neubearbeitete Auflage.
I: Geometrische Grundlagen. 159 Seiten mit 142 Figuren. 1953 . . . . Bd. 1061

Gießereitechnik von *H. Jungbluth*.
I: Eisengießerei. 126 Seiten mit 44 Abbildungen. 1951 . . Bd. 1159

Die Dampfkessel und Feuerungen einschließlich Hilfseinrichtungen in Theorie, Konstruktion und Berechnung von *W. Marcard †*. 2. Auflage. Neubearbeitet von *K. Beck*.
I: Die theoretischen Grundlagen. Wärme, Verbrennung, Wärmeübertragung. 150 Seiten mit 42 Abbildungen und 16 Tabellen. 1951 . . . . Bd. 9
II: Dampfkessel. 147 Seiten mit 43 Abbildungen. 1952 . . Bd. 521

Dampfturbinen von *C. Zietmann*. 3., verbesserte Auflage.
I: Theorie der Dampfturbinen. 140 Seiten mit 48 Abbildungen. 1955 . . . . Bd. 274
II: Die Berechnung der Dampfturbinen und die Konstruktion der Einzelteile. 134 Seiten mit 111 Abbildungen. 1956 . . . . Bd. 715
III: Ihre Wirkungsweise, Berechnung und Konstruktion. Mit 90 Abbildungen. 1956. In Vorbereitung . . . . . . Bd. 716

Industrielle Kraft- und Wärmewirtschaft von *F. A. F. Schmidt*. 1956. In Vorbereitung. . . . . Bd. 318/318a

Technische Thermodynamik von *W. Nusselt*.
I: Grundlagen. 4., verbesserte Auflage. 144 Seiten mit 71 Abbildungen. 1956. In Vorbereitung . . . . Bd. 1084
II: Theorie der Wärmekraftmaschinen. Neudruck. 144 Seiten mit 87 Abbildungen und 32 Zahlentafeln. 1951 . . Bd. 1151

Autogenes Schweißen und Schneiden von *H. Niese*. 5. Auflage. Neubearbeitet von *A. Küchler*. 136 Seiten mit 71 Figuren. 1954 . . . . Bd. 499

Die elektrischen Schweißverfahren von *H. Niese*. 2. Auflage. Neubearbeitet von *H. Dienst*. 136 Seiten mit 58 Abbildungen. 1955 . . . . Bd. 1020

Hebezeuge von *G. Tafel*.
I: 2., verbesserte Auflage. 276 Seiten mit 230 Figuren. 1954 . . . . Bd. 414/414a

Wasserbau

Wasserkraftanlagen von *A. Ludin.*
I: Planung, Grundlagen und Grundzüge. 124 Seiten mit 60 Abbildungen. 1955 . . . . Bd. 665
II: In Vorbereitung . . . . Bd. 666

Verkehrswasserbau von *H. Dehnert.*
I: Entwurfsgrundlagen, Flußregelungen. 103 Seiten mit 52 Textabbildungen. 1950 . . . . Bd. 585
II: Flußkanalisierungen und Schiffahrtskanäle. 94 Seiten mit 60 Textabbildungen. 1950 . . . . Bd. 597
III: Schleusen und Hebewerke. 98 Seiten mit 70 Textabbildungen. 1950 . . . . Bd. 1152

Talsperren von *F. Tölke.* 122 Seiten mit 70 Abbildungen. 1953 Bd. 1044

Wehr- und Stauanlagen von *H. Dehnert.* 134 Seiten mit 90 Abbildungen. 1952 . . . . Bd. 965

Hoch- und Tiefbau

Festigkeitslehre von *W. Gehler †* und *W. Herberg.*
I: Elastizität, Plastizität und Festigkeit der Baustoffe und Bauteile. Durchgesehener und erweiterter Neudruck. 159 Seiten mit 18 Bildern. 1952 . . . . Bd. 1144
II: Formänderung, Platten, Stabilität und Bruchhypothesen. Bearb. von *W. Herberg* und *N. Dimitrov.* 187 Seiten mit 94 Bildern. 1955 . . . . Bd. 1145/1145a

Statik der Baukonstruktionen von *A. Teichmann.*
I: Grundlagen. 101 Seiten mit 51 Abbildungen und 8 Formentafeln. 1956 . . . . Bd. 119

Grundlagen des Stahlbetonbaus von *A. Troche.* 2., neubearbeitete und erweiterte Auflage. 208 Seiten mit 75 Abbildungen, 17 Bemessungstafeln und 20 Rechenbeispielen. 1953 . . . . Bd. 1078

Fenster, Türen, Tore aus Holz und Metall. Eine Anleitung zu ihrer guten Gestaltung, wirtschaftlichen Bemessung und handwerksgerechten Konstruktion von *W. Wickop.* 4., überarbeitete Auflage. 155 Seiten mit 95 Abbildungen 1955 . . . . Bd. 1092

Die wichtigsten Baustoffe des Hoch- und Tiefbaus von *O. Graf.* 4., verbesserte Auflage. 131 Seiten mit 63 Abbildungen. 1953 . . . . Bd. 984

Baustoffverarbeitung und Baustellenprüfung des Betons von *A. Kleinlogel.* 2., neubearbeitete und erweiterte Auflage. 126 Seiten mit 35 Abbildungen. 1951 . . . . . . Bd. 978

Heizung und Lüftung von *J. Körting †* und *W. Körting.* 8., neubearbeitete Auflage.
I: Das Wesen und die Berechnung der Heizungs- und Lüftungsanlagen. 140 Seiten mit 29 Abbildungen und 18 Zahlentafeln. 1951 . . . . Bd. 342
II: Die Ausführung der Heizungs- und Lüftungsanlagen. 152 Seiten mit 165 Abbildungen und 7 Zahlentafeln. 1954 . . . . Bd. 343

SAMMLUNG GÖSCHEN - BANDNUMMERNFOLGE

1 Langosch, Der Nibelunge Nôt
3 vom Ende, Maschinenelemente
9 Marcard-Beck, Dampfkessel I
13 Lotze, Geologie
20 Hofstaetter-Spree, Dt. Sprachlehre
29 Brauns-Chudoba, Allg. Mineralogie
30 Eckert-Greifendorff-Kleffner, Kartenkunde
31 Brauns-Chudoba, Spez. Mineralogie
35 Treue, Deutsche Geschichte
37 Klemm, Anorganische Chemie
38/38a Schlenk, Organ. Chemie
42 Behn, Vorgeschichte Europas
51 Bürklen-Ringleb, Mathematische Formelsammlung
60 Biehle, Stimmkunde
61 Biehle, Redetechnik
66 Berneker-Vasmer, Russische Grammatik
70 Nestle, Griech. Literaturgesch. I
71 Schulze, Allgem. und physikalische Chemie I
76 Döring, Einführg. i. d. theoret. Physik I
77 Döring, Einführg. i. d. theoret. Physik II
78 Döring, Einführg. i. d. theoret. Physik III
79 Hempel, Got. Elementarbuch
80 Weigert, Stilkunde I
96 Hartmann, Al g. Biologie
101 v. Wiese, Soziologie
103 Dahrendorf, Industrie- und Betriebssoziologie
104/104a Hofstätter, Sozialpsychol.
111 Hoffmann-Debrunner, Geschichte der griech. Sprache I
114 Debrunner, Geschichte der griech. Sprache II
117 Brandenstein, Griechische Sprachwissenschaft I
118 Brandenstein, Griechische Sprachwissenschaft II
119 Teichmann, Statik der Baukonstruktionen
125 Vossler, Italienische Literaturgeschichte
128/128a Lausberg, Roman. Sprachwiss. I
136 Mahler, Physikalische Formelsammlung
141 Geitler, Morphologie der Pflanzen
142 Haack, Darst. Geometrie I
143 Haack, Darst. Geometrie II
144 Haack, Darst. Geometrie III
145 Weimer, Geschichte der Pädagogik
146 Witting, Repetitorium und Aufgabensammlung zur Differentialrechnung
147 Witting, Repetitorium und Aufgabensammlung zur Integralrechnung
156/156a Landmann, Philosoph. Anthropologie
170 Oehlmann, Musik des 19. Jahrhunderts
173 Bruhns-Ramdohr, Petrographie
180 Böhm, Versicherungsmathematik I
184 Blümcke, Spinnerei und Zwirnerei
196 Mohr, Grundlagen der Elektrotechnik I
197 Mohr, Grundlagen der Elektrotechnik II
200/200a Gottschald, Dt. Rechtschreibungswörterbuch
210 Bruhns-Ramdohr, Kristallographie
220/220a Moser, Allgemeine Musiklehre
221 Jander-Jahr, Maßanalyse I
222 Hassak-Beutel, Warenkunde I
223 Hassak-Beutel, Warenkunde II
226 Hofmann, Geschichte der Mathematik I
228 Vogel, Landw. Tierzucht
230 Krieger, Bad. Geschichte
238 Krahe, German. Sprachwiss. I
243 Mahler, Physikal. Aufgabensammlung
247 Hoppe, Analytische Chemie I
248 Hoppe, Analytische Chemie II
250 Lausberg, Roman. Sprachwiss. II
252 Dassler, Elektrochemie I
253 Dassler, Elektrochemie II
256 Haussner, Aufgabensammlung zur analytischen Geometrie der Ebene
257 Humburg, Die Gleichstrommaschine I

264 Lockemann, Geschichte der Chemie I
265/265a Lockemann, Geschichte der Chemie II
270 Kirn, Einführung in die Geschichtswissenschaft
274 Zietemann, Dampfturbinen I
279 Jacob, Quellenkunde der deutschen Geschichte I
280 Jacob, Quellenkunde der deutschen Geschichte II
281 Leisegang, Einführung in die Philosophie
284 Jacob-Weden, Quellenkunde der deutschen Geschichte III
318/318a Schmidt, Industrielle Kraft- und Wärmewirtschaft
319 Krug, Australien und Ozeanien
329 Scharrer, Agrikulturchemie I
330 Scharrer, Agrikulturchemie II
335 Braun-Klug, Fette und Öle
336 Braun-Klug, Seifenfabrikation
342 Körting, Heizung und Lüftung I
343 Körting, Heizung und Lüftung II
344 Moser, Musikästhetik
354 Valentiner, Vektoranalysis
355 Neger-Münch, Nadelhölzer
356 Lüdemann, Fische
374 Döring, Einführung in die theoretische Physik IV
375 Preller, Geschichte Englands I
394/394a Schilling, Von der Renaissance bis Kant
414/414a Tafel, Hebezeuge I
422 Gottschald, Dt. Personennamen
423 Adler, Fünfstell. Logarithmen
432 Borchers, Metallkunde I
433 Borchers, Metallkunde II
439 Jaeckel, Würmer
440 Jaeckel, Weichtiere
441 Jaeckel, Stachelhäuter
442 Hannemann, Schwämme und Hohltiere
443 Gruner-Deckert, Krebse
444 Reichenow, Protozoa
445 Asmus, Physikal.-chemische Rechenaufgaben
452 Bahrdt-Scheer, Stöchiometrische Aufgabensammlung
468 Werkmeister, Vermessungskunde I
469 Werkmeister, Vermessungskunde II
476 Thum-Meysenburg, Die Werkstoffe des Maschinenbaues I
483 Henglein, Lötrohrprobierkunde
492 Stolz-Debrunner, Geschichte der lateinischen Sprache
499 Niese, Autogen. Schweißen
500 Simmel, Hauptprobleme der Philosophie
521 Marcard-Beck, Dampfkessel und Feuerungen II
536 Lehmann, Kant
538 Rumpf, Archäologie I
539 Rumpf, Archäologie II
557 Nestle, Griechische Literaturgeschichte II
561 Matthes, Werkzeugmaschinen I
562 Matthes, Werkzeugmasch. II
564 Behn, Kultur der Urzeit I
565 Behn, Kultur der Urzeit II
566 Behn, Kultur der Urzeit III
571 Lehmann, Philosophie des 19. Jahrhunderts
576/576a Moser, Gesangskunst
579 Müller-Schulze, Techn. Tabellen
585 Dehnert, Verkehrswasserbau I
589 Tochtermann, Maschinenzeichnen I
590 Tochtermann, Maschinenzeichnen II
594 Lengerken, Insekten
597 Dehnert, Verkehrswasserbau II
619 Buchwald, Kristalloptik
665 Ludin, Wasserkraftanlagen I
666 Ludin, Wasserkraftanlagen II
668 Knopp, Funktionentheorie I
691 Fauser, Kulturtechn. Bodenverbesserungen I
692 Fauser, Kulturtechn. Bodenverbesserungen II
698/698a Schulze, Allgemeine und physikalische Chemie II
703 Knopp, Funktionentheorie II
709 Lehmann, Philosophie des 19. Jahrhunderts II
711 Kesselring, Berechnung der Schaltgeräte
714/714a zur Megede, Einführung in die Technik selbsttätiger Regelungen
715 Zietemann, Dampfturbinen II
716 Zietemann, Dampfturbinen III
718 Neger-Münch, Laubhölzer
735 Ekwall, Hist. neuengl. Laut- und Formenlehre
763/763a Beer-Meyer, Hebräische Grammatik I
764/764a Beer-Meyer, Hebräische Grammatik II

768 Bieberbach, Einführung in die konforme Abbildung
780 Krahe, Germ. Sprachwiss. II
781 Weigert, Stilkunde II
786 Schulze, Molekülbau
807 Kropp, Erkenntnistheorie I
809 Moser, Harmonielehre I
826 Koch, Philosophie des Mittelalters
827 Schwaiger, Elektromotorische Antriebe
845 Lehmann, Philosophie im ersten Drittel des 20. Jahrh.
847 Herter, Lurche
851 Moede, Psychologie des Berufs- und Wirtschaftslebens
856 Quelle, Iberoamerika
857 Capelle, Griech. Philosophie I
858 Capelle, Griech. Philosoph. II
859 Capelle, Griech. Philosoph. III
862 Werkmeister, Vermessungskunde III
863 Capelle, Griech. Philosoph. IV
877 Knopp, Aufgabensammlung zur Funktionentheorie I
878 Knopp, Aufgabensammlung zur Funktionentheorie II
881 Humburg, Gleichstrommaschine II
902 Müller, Dynamik I
903 Müller, Dynamik II
910 Jaeger, Afrika I
911 Jaeger, Afrika II
917/917a Böhm, Versicherungsmathematik II
920 Hoheisel, Gewöhnliche Differentialgleichungen
929 Schirmer, Dt. Wortkunde
930 Krull, Elementare und klassische Algebra I
931 Hasse, Höhere Algebra I
932 Hasse, Höhere Algebra II
952 Schäfer, Transformatoren
953 Zipperer, Techn. Schwingungslehre I
961/961a Zipperer, Techn. Schwingungslehre II
965 Dehnert, Wehr- u. Stauanlagen
970 Baldus-Löbell, Nichteuklid. Geometrie
972 Herter, Tierphysiologie I
973 Herter, Tierphysiologie II
978 Kleinlogel, Baustoffverarbeitung und Baustellenprüfung des Betons
984 Graf, Die wichtigsten Baustoffe des Hoch- und Tiefbaus
999/999a Kamke, Mengenlehre
1000 Jaspers, Geistige Situation
1002 Jander-Jahr, Maßanalyse II
1003 Hoheisel, Partielle Differentialgleichungen
1004 Jander-Jahr, Maßanalyse III
1008 Mellerowicz, Allgemeine Betriebswirtschaftslehre I
1009 Bechert-Gerthsen, Atomphysik I
1014 Huttenlocher, Mineral- und Erzlagerstättenkunde I
1015/1015a Huttenlocher, Mineral- und Erzlagerstättenkunde II
1021 Niese-Dienst, Elektr. Schweißverfahren
1031 Apel, Philosophisches Wörterbuch
1033 Bechert-Gerthsen, Atomphysik II
1043 Kranefeldt, Therapeutische Psychologie
1039 Dovifat, Zeitungslehre I
1040 Dovifat, Zeitungslehre II
1044 Tölke, Talsperren
1045 Schubert, Technik des Klavierspiels
1051/1051a zu Stolberg-Wernigerode, Gesch. d. Verein. Staaten v. Amerika
1057 Roth, Thermochemie
1059 Hoheisel, Aufgabensammlg. z. d. gewöhnl. u. part. Differentialgleichungen
1061 Grodzinski, Getriebelehre I
1065 Haller, Von den Karolingern zu den Staufern
1070 Sauter, Differentialgleichungen der Physik
1078 Troche, Stahlbetonbau
1082 Hasse-Klobe, Aufgabensammlung zur Höheren Algebra
1084 Nusselt, Technische Thermodynamik I
1086 Müller, Dt. Dichten u. Denken
1088 Preller, Geschichte Engld. II
1092 Wickop, Fenster, Türen, Tore,
1094 Hernried, System. Modulation
1105 Hartung, Dt. Geschichte im Zeitalter der Reformation
1108 de Boor-Wisniewski, Mittelhochdeutsche Grammatik
1109 Knopp, Elemente der Funktionentheorie
1111 Naumann-Betz, Althochdeutsches Elementarbuch

AUTORENREGISTER

FSC
www.fsc.org
MIX
Papier | Fördert
gute Waldnutzung
FSC® C083411

Kolibri 360 GmbH
Ferdinand-Jühlke-Straße 7
99095 Erfurt, Deutschland
produktsicherheit@kolibri360.de